Gesundheit mit der **Apotheke**

Hausmittel & Tees unter der Lupe

- Natürliche und einfache Mittel gegen Alltagsbeschwerden
- Von A wie Abwehrkräfte bis Z wie Zahnschmerzen
- Grossmutters Rezepte heute – von Apothekern geprüft
- Die wichtigsten Arzneipflanzen auf einen Blick

EXTRA: Natürliche Pflege für die Haut

Apothekerin Christina Brunner,
Apothekerin Claudia Timmermann

GOVI

Die Autorinnen

Christina Brunner und Claudia Timmermann sind beide approbierte Apothekerinnen. Christina Brunner arbeitet seit 1999 als Redakteurin bei der Apotheken-Kundenzeitschrift „Neue Apotheken Illustrierte/ Gesundheit" und betreut dort insbesondere die Extra-Ausgaben der Zeitschrift zu den verschiedensten Sonderthemen. Claudia Timmermann startete im Jahr 2000 ihr Volontariat bei der gleichen Zeitschrift und arbeitet dort inzwischen ebenfalls als Redakteurin. Beide Autorinnen schreiben regelmäßig in der „Neue Apotheken Illustrierte/ Gesundheit" zu den verschiedensten medizinischen Themen und haben sich mit Serien zu Hausmitteln und Tees auch in der Zeitschrift hervorgetan.

Zu diesem Buch

Gehören Sie auch zu den Menschen, die sich und ihre Familie bei leichteren Beschwerden am liebsten eigenverantwortlich behandeln und dabei zu pflanzlichen Arzneimitteln oder altbewährten Hausmitteln greifen? Dann wird Ihnen dieses Buch ein wertvoller Ratgeber sein, denn hier finden Sie eine Vielzahl von Hausmitteln und Teerezepturen, deren Wirksamkeit nicht nur volkstümlich überliefert, sondern in vielen Fällen auch wissenschaftlich belegt ist.

Dennoch beruht die Wirksamkeit von Hausmitteln zu einem großen Teil auf dem liebevollen Umgang mit dem Menschen. Wem ginge es nicht gleich besser, wenn er vor einer Tasse mit duftendem Tee zur Ruhe kommt, massiert oder in warme Umschläge gebettet wird?

Die Grenzen der Hausmittel sind dann erreicht, wenn es sich um schwer wiegendere Erkrankungen handelt, die zum Beispiel mit starken Schmerzen oder hohem Fieber einhergehen.

Die Ratschläge in diesem Buch können daher keinesfalls den Arzt ersetzen und sind nur bei leichteren Beschwerden zur alleinigen Behandlung gedacht. Sie können aber in vielen Fällen die vom Arzt verordnete Therapie unterstützen und begleiten. Die Zutaten für die Selbstbehandlung mit Hausmitteln erhalten Sie meist in der Apotheke, und dort gibts auch viele zusätzliche Tipps. Kostenlos.

Eschborn,
im September 2001

Christina Brunner
Claudia Timmermann

Inhalt

Kleine Hausmittel- und Teekunde

Moderne Arzneimittel, zum Beispiel Tabletten, Kapseln oder Ampullen, gibt es erst seit relativ kurzer Zeit. Die industrielle Revolution im 19. Jahrhundert machte es möglich, sie in großen Stückzahlen herzustellen. Ein weiterer Fortschritt auf dem Weg zum modernen Arzneimittel: Wissenschaftler entdeckten Möglichkeiten, Arzneistoffe im Labor herzustellen. Bis dahin galten Pflanzen als unentbehrliches Ausgangsmaterial, aus denen die wirksamen Inhaltsstoffe in aufwändiger Arbeit gewonnen werden mussten. Als auch diese Verfahren noch nicht bekannt waren und man noch wenig über die Inhaltsstoffe der Pflanzen wusste, basierte Vieles in der Heilkunst auf Erfahrung und Aberglauben. Da wurden kurioseste Zutaten gemischt und probiert und im Zweifelsfall Menschen zur Ader gelassen. Was man sich nicht irdisch erklären konnte wurde mystifiziert und war Futter für den Aberglauben. So wurden aus Heilkundigen im mittelalterlichen Europa Hexen und Bräute des Teufels, die ihr Wissen auf unzähligen Scheiterhaufen mit dem Leben bezahlten. Erst Namen wie Elisabeth von Bingen und Paracelsus ebneten mit ihren gesammelten Erfahrungen den Weg für die moderne Heilpflanzenkunde.

Unter Tee versteht man allgemein die kleinen, je nach Aufbereitungsart, grünen oder schwarzen Blättchen der Teesträucher in den Hochebenen Chinas, Indiens oder Sri Lankas. Aber Tee bedeutet noch viel mehr: In der Apotheke zählen dazu Zubereitungen aus verschiedensten Pflanzen und deren Bestandteilen, wozu sowohl Blätter, Blüten, Stängel, Rinden als auch

Wurzeln gehören. Auf ihre Qualität geprüft, erhält man sie in der Apotheke frisch gemischt oder als praktisches Fertigpräparat. Die **Wirksamkeit** fast aller in der Apotheke angebotenen Drogen – so bezeichnet der Fachmann die Arzneipflanzen – ist wissenschaftlich belegt. So bringt Enzian die Verdauung in Schwung, mit Thymian lassen sich quälender Husten oder mit Zubereitungen aus Stiefmütterchen Hautprobleme lindern.

Zur Wirksamkeit und Anwendung von Arzneipflanzen finden Sie auch ausführliche Beratung in Ihrer Apotheke.

Schonende Besserung und Heilung brauchen allerdings ihre Zeit, so dass man Wirkungswunder im Minutentakt nicht erwarten sollte. So lösen sich zum Beispiel leichte Depressionen nicht nach einmaligem Genuss von Johanniskraut-haltigem Tee, sondern eine Stimmungsaufhellung ist erst nach einigen Tagen bei regelmäßiger Einnahme zu erwarten. Ausnahmen in puncto Wirkstärke und –schnelligkeit gibt es jedoch: Sennesblätter oder –früchte räumen im verstopften Darm nachhaltig auf und stehen in ihrer Effektivität keineswegs hinter chemischen Arzneistoffen zurück.

Viele Menschen erwarten von Heilpflanzentees und Hausmitteln eine sanfte Heilung ohne Nebenwirkungen. Doch man sollte sich nicht täuschen lassen: „Pflanzlich" bedeutet nicht gleich „nebenwirkungsfrei". Die gute Verträglichkeit von Hausmitteln und Tees hängt maßgeblich vom sachgemäßen Gebrauch ab. Ätherische Öle können zum Beispiel Haut und Schleimhäute reizen. Wird das unverdünnte Öl verschluckt, kann es zu Übelkeit, Erbrechen und Durchfall kommen. Auch Allergien sind bei ätherischen Ölen nicht ausgeschlossen.

Baderegeln

- Ein Vollbad sollte nicht länger als 10 bis 15 Minuten dauern.
- Die Anfangstemperatur nicht zu heiß wählen, lieber durch Zulaufen von heißem Wasser die Temperatur steigern. 38 Grad Celsius wird von vielen als angenehm empfunden, das gilt auch für Sitz- und Fußbäder. In der Apotheke gibt es Badethermometer.
- Häufiges Baden kann die Haut unter Umständen schädigen.
- Bei größeren Hautverletzungen, Fieber, Herzschwäche und starkem Bluthochdruck auf Bäder verzichten.

Wickel richtig anlegen

Viele Beschwerden sprechen auf **Wärme** gut an, jedoch nicht alle: Eine akute Entzündung, zum Beispiel eine Arthritis, kann sich durch Wärme sogar verschlechtern. Hier ist ein kalter Wickel angebracht. Wickel sollten nur zur Linderung akuter Schwellungen eiskalt sein. Um Erfrierungen der Haut zu vermeiden, legen Sie immer ein Tuch zwischen Eiswickel und Haut! Kalte Wickel sollten ansonsten eine Temperatur zwischen 15 und 20 Grad Celsius haben.

Bei warmen Wickeln sollten Sie die Temperatur auf der Innenseite des Unterarms überprüfen, um Verbrennungen zu vermeiden. Generell sollten Wickel nur auf unverletzter Haut angelegt werden.

Was bei einem Dampfbad zu beachten ist

Auch Wasserdampf kann zu Verbrennungen führen. Deshalb das Gesicht erst dann über das Dampfbad beugen, wenn das Wasser etwas abgekühlt ist.

Der Gebrauch von ätherischen Ölen

Hausmittel sind nicht automatisch harmlos, das gilt zum Beispiel auch für ätherische Öle. Sie können auf Haut und besonders Schleimhäuten reizend wirken. Einige Inhaltsstoffe können bei empfindlichen Personen auch Allergien hervorrufen. Aus diesen Gründen sollten ätherische Öle nie unverdünnt angewandt und bei Säuglingen und Kleinkindern grundsätzlich nicht im Bereich des Gesichtes aufgetragen werden.

Säuglinge und Kleinkinder

Die Abwehrkräfte und sogar manche Organe kleiner Kinder, wie zum Beispiel die Haut, sind noch nicht vollständig ausgebildet und daher besonders empfindlich. Bevor Sie Hausmittel und Tees bei Säuglingen

oder Kleinkindern anwenden, sollten Sie unbedingt Arzt oder Apotheker vorher um Rat fragen.

Tees richtig zubereiten

Nichts leichter als das, denkt man da zuerst: Wasser kochen, über die Teemischung gießen, ziehen lassen und durch ein Sieb geben, fertig. Meist funktioniert die Zubereitung genau nach diesem Schema, aber eben nicht immer, denn auch hier bestätigen die berühmten Ausnahmen die Regel.

Man unterscheidet:

Kaltaufguss: Man setzt die Mischung mit kaltem Wasser an, lässt sie etwa eine Stunde abgedeckt stehen, seiht ab und erwärmt den Tee dann auf Trinktemperatur. Diese Zubereitungsart wendet man vor allem bei Tees mit Schleimstoffhaltigen Pflanzen, wie Eibischwurzel oder Isländisch Moos an, um die wirksamen Schleime nicht zu zerstören.

Abkochung: Der Tee wird, sofern er keine Arzneipflanzen mit ätherischen Ölen enthält, mit siedendem Wasser übergossen und anschließend 10 bis 15 Minuten gekocht. Vor dem Abseihen lässt man ihn abgedeckt nochmals 10 bis 15 Minuten ziehen. Man verfährt so mit einigen Blatt- und Krautdrogen, beispielsweise mit Bärentraubenblättern oder Schachtelhalmkraut, damit sich die wirksamen Inhaltsstoffe lösen.

Heißaufguss: Die bereits oben erwähnte und wohl am häufigsten angewandte Zubereitungsart. Man gibt das kochende Wasser über die Teemischung und lässt sie mindestens zehn Minuten bei abgedecktem Gefäß ziehen und seiht danach ab.

Folgende Sorten brauchen eine Sonderbehandlung:

- Teesorten mit ätherischen Ölen werden zwar nach der Heißaufguss-Methode zubereitet, sollten aber mit nicht mehr siedendem Wasser überbrüht werden. Denn bei zu hohen Temperaturen verflüchtigen sich die ätherischen Öle leicht. Damit sich die Öle richtig entfalten können, sollte man Früchte wie Anis, Fenchel oder Kümmel unmittelbar vor dem Aufgießen in einem Mörser zerstoßen (es eignen sich auch Kochlöffel und eine kleine Porzellan- oder Keramikschale).
- Auch grüner Tee verlangt nur nach heißem, aber nicht mehr kochendem Wasser. Optimal ist eine Aufguss-

Temperatur von etwa 60 Grad Celsius. Nach zweiminütiger Ziehdauer erhält man einen stärker, nach mehr als drei Minuten einen eher schwach anregenden Tee. Um den Koffeingehalt zu verringern, kann man den ersten Aufguss nach maximal einer Minute verwerfen, die Blätter erneut aufgießen und bis zu fünf Minuten ziehen lassen. Man spricht vom „Teeöffnen“.

- Wie beim Grüntee beeinflusst auch bei schwarzem Tee die Ziehdauer die Wirkung: Genießt man ihn bereits drei Minuten nach dem Überbrühen, wirkt er belebend. Denn das enthaltene Koffein kann seine Wirkung ungestört entfalten. Lässt man schwarzen Tee dagegen fünf Minuten oder länger ziehen, lösen sich zusätzlich Gerbstoffe aus den Teeblättern, und die verhindern im Körper die Aufnahme des Koffeins.

Das sollten Sie außerdem beachten

- Schütteln Sie vor dem Gebrauch die Teetüte oder -dose, um den Tee wieder zu durchmischen, denn schwerere Bestandteile wie Früchte oder Wurzeln setzen sich auf dem Gefäßboden ab!
- Sie möchten die Qualität des Teewassers verbessern? Lassen Sie es zweimal kurz aufkochen! Das entkalkt das Wasser stärker.
- Rühren Sie den Tee, während er zieht, ab und zu um! So lösen und verteilen sich die Inhaltsstoffe am besten. Decken Sie Kanne oder Tasse danach gleich wieder ab, damit flüchtige Stoffe, wie ätherische Öle nicht entweichen können!
- Bewahren Sie den Tee in einem dicht verschließbaren Gefäß auf, damit er möglichst lange frisch bleibt und vor Feuchtigkeit geschützt ist!

Hausmittel und Tees von A bis Z

Abwehrkräfte

Die Abwehrkräfte bekämpfen nach einem ausgeklügelten System alles Fremde, das in den Körper eindringen will, so zum Beispiel Viren und Bakterien. Mit folgenden Maßnahmen unterstützen Sie Ihre Abwehrkräfte im Kampf gegen die krankmachende Eindringlinge:

Vitamin C

Radikale sind eine treibende Kraft bei vielen Krankheiten, so auch bei Erkältungen. Sie fachen zum Beispiel die entzündlichen Vorgänge auf den Schleimhäuten der Atemwege an und richten sich auch direkt gegen Zellen des Abwehrsystems. **Vitamin C** ist eine der wichtigsten Substanzen im Körper, die sich gegen die zerstörerische Kraft der Radikale wendet. Weitere so genannte Antioxidantien sind Vitamin E und Betacaroten. Auch dem Element Selen sagt man zellschützende Eigenschaften zu.

Radikale sind aggressive Substanzen, die vor Energie strotzen. Wo sich ihnen eine Möglichkeit bietet, reagieren sie sich ab. So schädigen sie wichtige Strukturen im Körper.

Den Tagesbedarf an Vitamin C decken zum Beispiel 60 Gramm schwarze Johannisbeeren, 145 Gramm Kiwi, 200 Gramm Spinat oder 70 Gramm roter Paprika. Achtung: Vitamin C ist hitzeempfindlich, deshalb Gemüse nur kurz garen!

Die Deutsche Gesellschaft für Ernährung empfiehlt Jugendlichen und Erwachsenen täglich 100 Milligramm Vitamin C zu sich zu nehmen. Rauchern empfiehlt die Gesellschaft sogar 150 Milligramm täglich. Vitamin C gibt es in Form von Kapseln, Brausetabletten oder lose als Pulver in der Apotheke. Das Vitamin zersetzt sich rasch, wenn es mit Feuchtigkeit in Berührung kommt. Deshalb: trocken lagern!

Pflanzenkraft

Die Inhaltsstoffe einiger Pflanzen scheinen die Bildung bestimmter Abwehrzellen anregen zu können. Dazu gehören Extrakte des Purpursonnenhuts (Echinacea), des Lebensbaumes (Thuja) oder der Taigawurzel

(Eleutherococcus). Die Zubereitungen gibt es in Form von Tabletten, Tropfen, Lutschtabletten oder Tees rezeptfrei in der Apotheke.

Abhärtung

Je schneller der Körper auf Temperaturschwankungen reagiert, desto besser kann er krankmachende Viren oder Bakterien bekämpfen. An den Schleimhäuten findet normalerweise der Erstkontakt zwischen Krankheitserregern und Abwehrzellen statt. Sind die Schleimhäute auch bei **Kälte** gut durchblutet, gelangen Abwehrzellen schnell vor Ort, um die Erreger zu eliminieren. So trainierte Schleimhäute sind abgehärtet gegen Krankheiten.

Kälte lähmt die Zilien auf den Schleimhäuten. Mit wedelnden Bewegungen befördern diese feinen Härchen Fremdkörper aus den Atemwegen.

Frei nach Kneipp härten Wasseranwendungen mit wechselndem Wärme- und Kältereiz ab, zum Beispiel das regelmäßige morgendliche Wechselduschen. Der Saunagang hilft dem Körper ebenfalls, sich auf wechselnde Temperaturen einzustellen.

Seelische Balance

Ganz entscheidend für die körperliche Widerstandskraft ist das seelische Gleichgewicht. Inzwischen befasst sich sogar eine eigene Wissenschaft mit diesem Phänomen: die Psychoneuroimmunologie. Demnach steht das Abwehrsystem über Signalstoffe mit dem Gehirn in Verbindung. Ist der Mensch niedergeschlagen, wird er leichter krank. Geht es ihm seelisch gut, arbeitet das Abwehrsystem besser.

Hausmittel kompakt

Abwehrkräfte

Vitamin C

Pflanzenextrakte aus Echinacea, Thuja, Eleutherococcus

Wechselduschen

Saunieren

Appetitlosigkeit

„Nein, meine Suppe ess` ich nicht“. Was bei Kleinen und Großen nach Mäkeln aussieht, ist oft nichts anderes als Appetitlosigkeit. Meist bedingt durch eine gestörte Verdauung, häufig begleitet von Bauchschmerzen und Völlegefühl, wie zum Beispiel beim Reizmagen, macht sie jede Mahlzeit zur Qual.

Appetitanregender Tee

Pfefferminzblätter	30 g
Pomeranzenschale	30 g
Tausendgüldenkraut	17 g
Anisfrüchte (angestoßen)	17 g
Süßholzwurzel	5 g

Dosierung und Anwendung (pro Tasse):

Einen Teelöffel Tee mit siedendem Wasser übergießen und bedeckt etwa fünf Minuten ziehen lassen. Abseihen und dreimal täglich eine Tasse eine halbe Stunde vor dem Essen trinken.

Wirkung:

Pfefferminze und Anis entkrampfen die Magen- und Darmmuskulatur und entblähen. Pomeranze und Tausendgüldenkraut regen durch ihre bitteren Inhaltsstoffe die Magensaftsekretion und so auch den Appetit an. Zu den appetitanregenden Bitterstoff-Pflanzen gehört auch Enzian.

Hausmittel kompakt

Appetitlosigkeit

Zubereitungen aus Pfefferminzblättern, Anisfrüchten, Tausendgüldenkraut, Pomeranzenschalen und Enzianwurzel

Müde Augen

Augenarzneimittel aus der Apotheke sind den speziellen Bedingungen im Auge sehr gut angepasst: Salzgehalt und pH-Wert sind darauf abgestimmt, außerdem stellt der Gesetzgeber strenge hygienische Anforderungen, damit das **Auge** nicht geschädigt wird.

Diese Maßstäbe können Hausmittel zur direkten Anwendung im Auge nicht erfüllen. Deshalb ist von Augenbädern oder Augenspülungen, zum Beispiel aus selbst gemachten Pflanzenzubereitungen, abzuraten. Auch Borsäure-Spülungen macht man aus medizinischen Gründen nicht mehr!

Sehen ist eine Fähigkeit, die man nicht leichtfertig aufs Spiel setzen darf. Beschwerden an den Augen oder Lidrändern sollten Sie daher immer von einem Arzt abklären lassen.

Kompresse für müde überanstrengte Augen

Bei leichteren Beschwerden wie müden Augen kann Ihnen aber zum Beispiel eine Kompresse helfen, die Sie auf die geschlossenen Augen legen.

Augentrostkraut	10 g
Kamillenblüten	10 g
Salbeiblätter	10 g
Walnussblätter	10 g

Überprüfen Sie die Temperatur der Kompresse an der Innenseite des Unterarms.

Einen gehäuften Esslöffel der Kräutermischung mit 150 Millilitern kochendem Wasser übergießen, zehn Minuten bedeckt ziehen lassen, abseihen und **abkühlen lassen**. Eine Kompresse oder einen Wattebausch in den lauwarmen Sud tauchen, leicht ausdrücken und für etwa 15 Minuten auf die geschlossenen Augen legen.
Auch Kompressen mit schwarzem Tee erfrischen müde Augen.

Hinweise:

- Kamillenblüten können bei empfindlichen Personen zu Unverträglichkeitsreaktionen führen.
- Augentrost-Präparate sind auch als Fertigarzneimittel in der Apotheke erhältlich. Sie helfen zum Beispiel bei einer Bindehautentzündung.

> **HAUSMITTEL KOMPAKT**
>
> **müde Augen**
>
> Kompressen mit Zubereitungen aus Kamillenblüten, Augentrostkraut oder schwarzem Tee

Blähungen

Ob Weihnachtsgans oder Osterei, Grillwürstchen oder Faschingskrapfen – unabhängig von der Jahreszeit steht Schlemmen hoch im Kurs. Bitter für den Magen: Denn zugestopft mit süßen Leckereien und mächtigen Braten fällt ihm die Verdauungsarbeit schwer. Die Magensaft-Produktion funktioniert nur noch auf Sparflamme. Die Folge: Unangenehmes Völlegefühl, **Blähungen** und Magenschmerzen.

Täglich entstehen etwa 15 Liter Gase bei der Verdauungsarbeit. Der größte Teil gelangt über das Blut in die Lunge und wird abgeatmet.

Bauchmassage

Eine Bauchmassage kann das Zwicken bei Blähungen lindern. Dazu je einen Tropfen Kamillen- und Lavendelöl mit einem Esslöffel Mandelöl vermischen und damit den Unterleib in kreisenden sanften Bewegungen massieren. Eine auf den Bauch gelegte Wärmflasche entkrampft zusätzlich.

Tee gegen Blähungen

Enzianwurzel	20 g
Kümmelfrüchte	30 g
Korianderfrüchte	20 g
Kamillenblüten	30 g

Dosierung und Anwendung (pro Tasse):
Zwei Teelöffel der Mischung mit kochendem Wasser über-

gießen und etwa zehn Minuten ziehen lassen. Danach abseihen und zwei- bis dreimal am Tag, jeweils etwa eine halbe Stunde vor den Mahlzeiten eine Tasse frisch bereiteten Tee trinken.

Wirkung:

Durch den Anteil ätherischer Öle wirken Kümmel- und Koriandertrüchte krampflösend und werden dabei von Kamille unterstützt. Der bittere Enzian hat tonisierende Eigenschaften und bringt den Magensaftfluss wieder in Gang.

Hausmittel kompakt

Blähungen

Bauchmassagen

Wärme

Zubereitungen (Tee, Tropfen o.ä.) aus Kümmel-, Anis-, Koriander- oder Fenchelfrüchten und Enzianwurzel

Blasenentzündung

Bei Frauen ist die Harnröhre kürzer als bei Männern. Krankmachende Keime können daher leichter in die Blase aufsteigen.

Auch wenn Blase oder Nieren keine akuten Beschwerden bereiten, müssen diese Organe täglich mit zwei bis drei Litern Flüssigkeit, zum Beispiel in Form von Mineralwasser, Kräuter- oder Früchtetee, durchspült werden. Anderenfalls können sich dort leichter Nieren- oder Blasensteine bilden oder **krankmachende Keime** vermehren.

Wer zu Blasenentzündungen neigt, sollte nie auf kalten Flächen sitzen oder lange in nasser Badekleidung herumlaufen.

Eine Blasenentzündung geht mit brennenden Schmerzen beim Wasserlassen und ständigem Harndrang einher. **Wärme** tut Nieren und Blase gut und kann sogar den Beschwerden vorbeugen. Hat man sich kalte Füße geholt oder spürt man schon erste Anzeichen einer Blasenentzündung, kann ein Fußbad, im akuten Stadium ein Sitzbad oder eine warme Kompresse auf dem Unterleib helfen.

Fußbad

100 Gramm Heublumenmischung aus der Apotheke mit einem Liter Wasser ansetzen, 15 Minuten kochen und dann abseihen. Den Sud in eine Fußwanne geben und mit heißem Wasser ergänzen.

Sitzbad

50 Gramm Kamillenblüten mit einem Liter kochendem Wasser übergießen. Fünf Minuten bedeckt ziehen lassen, dann abseihen. Die Zubereitung zu etwa 10 Litern Badewasser geben und bei etwa 38 Grad Celsius ein Sitzbad durchführen.

Kompresse

Fünf Tropfen Lavendelöl mit einem Esslöffel Mandelöl vermischen und den Unterleib mit der Ölmischung einreiben. Ein Handtuch über die Stelle decken und darauf eine Wärmflasche legen.

Bärentraubenblättertee wirkt nur in alkalischem (basischen) Milieu. Alkalisch wird der Urin durch den Verzehr von Nahrungsmitteln wie Gemüse, Kartoffeln und Obst.

Blasen- und Nierentee

Bärentraubenblätter	35 g
Birkenblätter	20 g
Schachtelhalmkraut	20 g
Bohnenhülsen	20 g
Pfefferminzblätter	5 g

Dosierung und Anwendung (pro Tasse):
Einen Teelöffel der Tee-Mischung mit Wasser etwa 15 Minuten lang zugedeckt kochen. Durch ein Sieb abseihen und danach nochmals kurz aufkochen. Täglich drei- bis viermal eine Tasse trinken.

Wirkung:
Der Tee wirkt antibakteriell und durchspült Nieren und Blase. Er ist allerdings nur wirksam, wenn der Urin **alkalisch** ist.

Hinweis:
Ohne Rücksprache mit dem Arzt den Tee nicht länger als eine Woche und nicht öfter als fünfmal pro Jahr anwenden!

Harntreibender Tee

Brennnesselblätter	18 g
Birkenblätter	18 g
Hauhechelwurzel	18 g
Petersilienwurzel	18 g
Mateblätter	18 g
Fenchel	10 g

Dosierung und Anwendung (pro Tasse):
Einen Teelöffel Tee mit siedendem Wasser übergießen und bedeckt etwa zehn Minuten ziehen lassen. Abseihen und mehrmals täglich eine Tasse frisch bereiteten Tee trinken.

Wirkung:
Brennnessel, Hauhechel, Birke und Petersilienwurzel sowie Mate: Zusammen ergeben diese Arzneipflanzen einen Tee, der wirkungsvoll die Nierentätigkeit anregt. Fenchel verbessert den Geschmack. Durch die vermehrte Harnausscheidung verringert sich das Flüssigkeitsvolumen im gesamten Körper, was wiederum Herz und Kreislauf entlastet. Wer in den Wintermonaten einige Pfunde zu viel angesetzt hat, den unterstützt der Tee bei der anstehenden Frühjahrsdiät.

Hinweis:
Bei Gallen- oder Nierenleiden Tee nur nach Rücksprache mit Ihrem Apotheker oder Arzt anwenden!

Hausmittel kompakt

Blase und Niere

Viel trinken

Unterleib warm halten

Wärme in Form von Fuß- und Sitzbädern oder Kompressen

Zubereitungen mit den Wirkstoffen aus Brennnessel, Birke, Hauhechel, Petersilie, Bärentraube oder Schachtelhalm

Durchfall

Durchfall kann viele Ursachen haben. Mal hat man nur etwas Falsches gegessen, mal sind Bakterien im Spiel. Manchmal löst ihn aber auch seelischer Stress aus. Mit Bauchgrimmen und Darmrumoren kündigt er sich an. Und plötzlich ist er da: Durchfall! Dann gilt es, schnellstens den Flüssigkeitsverlust auszugleichen und weiteren zu verhindern.

Viel Flüssigkeit und Mineralstoffe

Die eigentliche Gefahr eines Durchfalls ist der große Verlust an **Flüssigkeit** und Mineralstoffen. Sie zu ersetzen, ist der Zweck vieler Hausmittel wie Cola-Getränke zusammen mit Salzstangen oder Gemüsesuppen. Auch schwarzer Tee ersetzt die fehlende Flüssigkeit und wirkt mit seinen Gerbstoffen gegen Durchfall. Bei starken Durchfällen ist die Einnahme bestimmter Pulver zum Auflösen aus der Apotheke sinnvoller. Sie enthalten eine speziell zusammengestellte Mischung aus Salzen und Zucker.

Der Mensch besteht zu zwei Dritteln aus Wasser. Verliert der Körper 15 Prozent seiner Flüssigkeit, kann das bereits lebensbedrohlich sein.

Bakterien-Kulturen

Ist der Durchfall überstanden, können Naturjoghurts mit den darin enthaltenen Bakterien-Kulturen den Darmhaushalt wieder ins Gleichgewicht bringen.

Tee gegen Durchfall

Heidelbeeren (getrocknet)	50 g
Melissenblätter	25 g
Kamillenblüten	25 g

Dosierung und Anwendung (pro Tasse):
Zwei Teelöffel Tee mit kaltem Wasser übergießen und bedeckt zum Sieden erhitzen. Etwa zehn Minuten ziehen lassen. Abseihen und zwei- bis dreimal täglich eine Tasse Tee trinken.
Wirkung:
Gerbstoffe getrockneter Heidelbeeren können eine übermäßige Wasserabgabe in den Darm unterbinden und sorgen so wieder für

normalen Stuhlgang. Kamille wirkt antibakteriell und Melisse beruhigt den gereizten Darm.

Hinweis:
Einen Arzt zu Rate ziehen, sobald der Durchfall länger als drei Tage andauert oder mit Fieber oder blutigem Stuhl einhergeht!

> **HAUSMITTEL KOMPAKT**
>
> **Durchfall**
>
> Flüssigkeit und Mineralstoffe ersetzen
>
> Zubereitungen aus Gerbstoff-haltigen Arzneipflanzen wie Heidelbeeren oder schwarzem Tee

ERKÄLTUNG

Die Nase läuft, Husten tobt in der Brust. Kopf und Glieder schmerzen. Im Durchschnitt erwischt die Erkältung jeden Erwachsenen zwei- bis dreimal im Jahr, Kinder sogar sechs- bis siebenmal. Da hilft nur eines: Ab ins Bett und ordentlich auskurieren. Wenn der Schleim nicht mehr klar, sondern **gelblich gefärbt** ist, wenn Schmerzen und/oder Fieber dazukommen, sollte man einen Arzt aufsuchen. Das gilt auch, wenn die Behandlung nach drei bis vier Tagen keine Besserung bringt.

Erkältungsviren schwächen den Körper. Er ist dann anfälliger für Zweitinfektionen. Gelb gefärbter Schleim ist ein Anzeichen für eine bakterielle Entzündung.

ERKÄLTUNGSBAD

Wenn sich eine Erkältung ankündigt, kann ein Erkältungsbad manchmal dem Ausbruch entgegenwirken. Entsprechende Badezusätze enthalten ätherische Öle, die zum einen direkt über die Haut ins Blut aufgenommen und zum anderen auch eingeatmet werden und über die Lunge wirken.

DAMPFBAD

Die Wirkung ätherischer Öle, zum Beispiel aus Kamille, Salbei, Thymian oder Eukalyptus, entfaltet sich auch bei einem Dampfbad. Die Inhaltsstoffe dieser Kräuter wirken entzündungswidrig und/oder schleimverflüssigend. Die warmen Dämpfe fördern die Durchblutung der Schleimhäute in Nase und Rachen, was die Abwehrkräfte unterstützt. Ein Zusatz von Pfefferminze, Thymian oder Eukalyptus aktiviert zudem Kälterezeptoren im Nasenraum und vermittelt dadurch das Gefühl einer freien Nase. Die meisten Hustenbalsame zum Einreiben der Brust enthalten solche Inhaltsstoffe. Viele dieser Einreibungen können einfach ins Wasser gegeben werden, um dann als Inhalat zu dienen.

Kräuter-Dampfbad

Jeweils einen Esslöffel Kamillenblüten, Thymiankraut sowie Salbei- und Pfefferminzblätter in einer großen Schüssel mit reichlich heißem Wasser übergießen. Einige Minuten ziehen und abkühlen lassen – heißer

Wasserdampf kann zu Verbrennungen führen –, dann den Kopf über die Dämpfe beugen und inhalieren. Dabei ein großes Handtuch über Kopf und Schüssel breiten, damit wenig Dampf zur Seite hin entweicht.

Vitamin C

Während einer Erkältung sollte man seinem Körper täglich mindestens 100 Milligramm Vitamin C zuführen, zum Beispiel in Form eines Pulvers aus der Apotheke. Es unterstützt nachweislich die Abwehrkräfte im Kampf gegen die Schnupfenviren und hält den Schaden an den Schleimhäuten klein.

Nasendusche

Wohltuend für die **Schleimhäute** und ebenfalls schleimverflüssigend wirkt die Anwendung einer Nasendusche. Ihren Behälter füllt man mit einer Salzlösung und spült damit beide Nasenlöcher nacheinander. Nasenduschen und das Salz zur Bereitung der Lösung gibt es in der Apotheke.

Eine ausreichend hohe Luftfeuchtigkeit ist eine Wohltat für die gereizten Schleimhäute. Feuchte Tücher über der Heizung sorgen für ein gesundes Raumklima.

Viel trinken

Sowohl bei Schnupfen als auch bei Husten ist das häufige Trinken enorm wichtig. Nur wenn der zähe Schleim verdünnt wird, kann er gut abgehustet oder geschnäuzt werden. Sie sollten während einer Erkältung täglich zwei bis drei Liter Wasser, Kräutertees oder Vitaminsäfte trinken.

Erkältungstee

Holunderblüten	30 g
Lindenblüten	30 g
Fenchelfrüchte (angestoßen)	20 g
Hagebutten	20 g

Dosierung und Anwendung (pro Tasse):
Einen gehäuften Teelöffel der Teemischung mit kochendem Wasser über-

gießen und bedeckt etwa zehn Minuten ziehen lassen. Danach abseihen, und zweimal pro Tag eine Tasse frisch bereiteten Tee trinken.

Wirkung:

Holunder- und Lindenblüten treiben den Schweiß aus den Poren. Das vermehrte Schwitzen bewirkt, dass die erhöhte Körpertemperatur sinkt. Holunder wirkt zudem schleimbildend. Fenchel hilft, das Bronchialsekret zu lösen und erleichtert dadurch das Abhusten.

Schmerzende Hustensalven erschüttern die Brust? Der Atem rasselt, und trotzdem löst sich nichts von dem zähen Schleim, der auf den Bronchien lastet? Dann bereiten Sie sich folgenden Tee:

Hustenlösender-Tee

Efeublätter	20 g
Thymiankraut	30 g
Primelwurzel	30 g
Süßholzwurzel	20 g

Husten ist ein Reflex, ein unentbehrlicher Schutzmechanismus. Er katapultiert mit Windgeschwindigkeiten von 117 km/h Störenfriede aus den Atemwegen.

Dosierung und Anwendung (pro Tasse):

Zwei Teelöffel der Mischung mit kochendem Wasser übergießen und bedeckt etwa zehn Minuten ziehen lassen. Danach abseihen, und mehrmals täglich eine Tasse frisch bereiteten Tee trinken.

Wirkung:

Inhaltsstoffe aus Efeu, Thymian und Primelwurzel lockern das festsitzende Sekret. Es verflüssigt sich und lässt sich leichter abhusten. Süßholzwurzel unterstützt diesen Effekt. Man schreibt ihr außerdem antibakterielle und antivirale Wirksamkeit zu.

Hinweis:

Tee-Mischung nicht länger als vier bis sechs Wochen anwenden! Hustenlösende Mittel und Hustenstiller nicht gemeinsam einnehmen!

Kommen die **Hustenattacken** vor allem nachts, dann können Sie den Hustenreiz mit folgender Teezubereitung lindern:

Hustenstillender Tee

Isländisch Moos	30 g
Eibischwurzel	30 g
Malvenblüten	20 g
Fenchelfrüchte (angestoßen)	20 g

Dosierung und Anwendung (pro Tasse):

Zwei Teelöffel der Mischung mit kaltem Wasser übergießen und etwa eine Stunde stehen lassen. Ab und zu umrühren. Danach abseihen und auf Trinktemperatur erwärmen. Zwei bis drei Tassen am Tag, vor allem aber, kurz vor dem Zubettgehen eine Tasse frisch bereiteten Tee trinken.

Wirkung:

Die Arzneipflanzen Isländisch Moos, Eibischwurzel und Malvenblüten lindern den Hustenreiz. Sie enthalten Schleimstoffe, die sich wie ein Schutzfilm auf die stark beanspruchte Bronchialschleimhaut legen und sie so schützen. Ein Zusatz von Fenchel entkrampft die Atemmuskulatur und wirkt zudem antibakteriell.

Hausmittel kompakt

Erkältung

Erkältungs- und Dampfbäder mit dem Zusatz ätherischer Öle

Vitamin C

Nasendusche

Viel trinken

Hohe Luftfeuchtigkeit in den Räumen

Zubereitungen mit Holunderblüten, Thymiankraut, Lindenblüten, Hagebutten, Fenchelfrüchten, Efeublättern, Primelblüten und –wurzeln, Süßholzwurzel, Isländisch Moos, Eibischwurzel oder Malvenblüten

Erschöpfung

In Asien gilt der grüne Tee seit Jahrhunderten als Muntermacher und auch in hiesigen Breiten weiß man mittlerweile seine anregenden, belebenden Eigenschaften zu schätzen. Als Arzneipflanze sagt man Grüntee zudem **Cholesterin** senkende sowie Blutdruck regulierende Wirkung nach. Und egal, ob kalt oder warm getrunken: Er erfrischt, vor allem in Verbindung mit Pfefferminze und frisch gepresstem Limettensaft. Ein Schuss Honig oder Ahornsirup machen den Tee zum süßen Genuss. Erfrischung ist auch an heißen Tagen nötig, wenn das Thermometer heiße 30 Grad Celsius zeigt. Mit einem Früchtemix ist Abkühlung in sicht.

Erhöhte Cholesterinwerte sind ein Risikofaktor für die Arterienverkalkung und somit für Herzinfarkt und Schlaganfall.

Fitness-Tee

Grüntee	70 g
Pfefferminzblätter	30 g

Nach Belieben:
Limettensaft frisch gepresst
Honig oder Ahornsirup

Dosierung und Anwendung (pro Kanne):

Drei bis vier Teelöffel der Teemischung mit nicht mehr siedendem Wasser übergießen. Diesen Aufguss verwerfen und erneut mit heißem, nicht kochendem Wasser aufgießen und bedeckt zwei bis drei Minuten ziehen lassen. Danach abseihen etwas abkühlen lassen, Saft einer Limette zugeben und nach Geschmack mit Honig süßen.

Wirkung:
Belebend und erfrischend.

Früchtemix für heisse Tage

Hagebuttenschalen	30 g
Hibiskusblüten	25 g
Orangenschalen (getrocknet)	15 g
Pfefferminzblätter	15 g
Brombeerblätter	15 g
Orangensaft frisch gepresst	

Dosierung und Zubereitung (pro Kanne):
Drei bis fünf Esslöffel der Teemischung mit nicht mehr siedendem Wasser übergießen und bedeckt zehn Minuten ziehen lassen. Danach abseihen und kühl stellen. Orangen auspressen, mit dem Saft die gewünschte Anzahl Gläser bis zur Hälfte füllen, mit dem Tee auffüllen und umrühren. Nach Belieben Eiswürfel zugeben.

Wirkung:
Ein Mix aus kühlem Früchtetee, zum Beispiel mit Hagebutten, Hibiskus, Pfefferminz- und Brombeerblättern, und frisch gepresstem Orangensaft erfrischt nicht nur, sondern versorgt Sie auch noch mit einer großen Portion Vitamin C.

Hausmittel kompakt

Erschöpfung
Grüner Tee
Vitamin C

Fieber

Viren und Bakterien können den Menschen krank machen. Einige dieser Keime oder deren Stoffwechselprodukte können im Körper sogar Fieber auslösen. Ob Fieber dem Organismus nutzt oder schadet, ist selbst bei Experten umstritten. So soll Fieber eine wichtige Abwehrreaktion darstellen, weil sich bestimmte Viren zum Beispiel bei erhöhter **Körpertemperatur** nur noch langsam oder nicht mehr vermehren können. Außerdem beschleunigt sich bei Fieber der Stoffwechsel. Die erhöhte Aktivität soll die Abwehrkräfte in ihrer Arbeit unterstützen. Auf der anderen Seite belastet hohes Fieber den Organismus enorm. Ab 41 Grad Celsius ist es sogar lebensbedrohlich, weil die Hitze körpereigene Strukturen zerstören kann.

Hinweis:

Säuglinge und Kinder sollten bei Fieber immer zum Arzt.

Die menschliche Körpertemperatur beträgt im Idealfall durchschnittlich 36,6 Grad Celsius. Die Körpertemperatur ist auch von der Tageszeit abhängig. Die höchsten Werte werden etwa um 18 Uhr, die niedrigsten Werte gegen 4 Uhr morgens gemessen.

Durch die erhöhte Atemfrequenz und das vermehrte Schwitzen verliert der Körper bei Fieber viel Wasser. Deshalb sollte der Patient viel trinken.

Hält Fieber länger als 24 Stunden an oder steigt es über 39,5 Grad Celsius sollten auch Jugendliche und Erwachsene einen Arzt aufsuchen.

Ruhe

Bei Fieber sollte man sich unbedingt schonen und ins Bett legen.

Wadenwickel

Ist das **Fieber** bereits über 39 Grad Celsius geklettert, helfen Wadenwickel. Der kühle Wickel entzieht dem Körper Wärme und kann so das Fieber senken. Dazu Baumwolltücher mit kaltem Wasser (etwa zwischen 15 und 20 Grad Celsius) befeuchten, auswringen und locker um die Waden wickeln. Darüber können locker trockene Tücher gelegt werden. Der Wickel bleibt so lange liegen, bis er sich erwärmt hat. In der Regel dauert das zwischen 20 und 30 Minuten.

Der Wickel kann beliebig oft wiederholt werden.

Waschung mit Zitrone

Auch Ganzkörperwaschungen haben sich bei hohem Fieber bewährt. Dazu in eine Wanne etwa fünf Liter kühles Wasser geben und mit dem Saft einer Zitrone versetzen. Den Fiebernden mit dieser Mischung am ganzen Körper abreiben. Die Verdunstungskälte kühlt ab, der Patient sollte aber nicht frieren, daher die abgeriebenen Körperteile gleich wieder zudecken.

Schweisstreibender Tee

Auf Seite 27 finden Sie ein Rezept für einen Erkältungstee mit Holunder- und Lindenblüten.

Hausmittel kompakt

Fieber

Viel trinken
Bettruhe
Wadenwickel
Waschungen mit Zitrone
Tees mit Linden- oder Holunderblüten

Fussgeruch

Wenn sich aus feuchten Schuhen und qualmenden Socken **übel riechende Füße** schälen, ist das in aller Regel unangenehm für den Fußbesitzer, aber auch für dessen Mitmenschen. Da hilft nicht Abwarten, sondern Waschen und Teetrinken.

Bakterien auf der Haut zersetzen den Schweiß in übel riechende Spaltprodukte.

Natürliche Materialien

Luftundurchlässige Schuhe und synthetische Strümpfe zählen zu den Hauptursachen für Fußgeruch. Kommt keine Luft an die Füße, beginnen sie zu schwitzen. Lederschuhe und Baumwollstrümpfe sind fußfreundlich, weil sie atmungsaktiv sind beziehungsweise Schweiß aufsaugen können.

Fussbad mit Eichenrinde oder Salbei

Ein Aufguss von Eichenrinde oder Salbeiblättern ergibt ein schweißhemmendes Fußbad. Dazu 25 Gramm Eichenrinde aus der Apotheke in einem großen Topf mit fünf Litern Wasser 15 bis 20 Minuten bei geschlossenem Deckel kochen, dann abseihen. Die Abkochung auf 35 Grad Celsius abkühlen lassen und zweimal täglich für 15 bis 20 Minuten die Füße baden. Nicht länger als zwei Wochen anwenden. Temperatur und Dauer des Fußbades gelten auch für die Salbei-Zubereitung. Dazu 100 Gramm **Salbeiblätter** in fünf Liter kochendes Wasser geben und zehn Minuten abgedeckt ziehen lassen, dann abseihen.

Getrocknete oder frische Salbeiblätter, die man in die Schuhe steckt, nehmen den schlechten Geruch auf. Die Blätter dazu am besten in eine Socke hüllen.

Ein Fußbad erfrischt auch müde Füße. Anschließend Beine hochlegen.

Schweisshemmender Tee

Salbeiblätter	70 g
Melissenblätter	30 g

Dosierung und Anwendung (pro Tasse):
Zwei Teelöffel Tee mit siedendem Wasser übergießen und bedeckt etwa 10 Minuten ziehen lassen. Danach abseihen. Drei- bis viermal am Tag eine Tasse frisch bereiteten Tee trinken!

Wirkung:

Die Inhaltsstoffe des Salbeis hemmen die gesteigerte Sekretion der Schweißdrüsen.

HAUSMITTEL KOMPAKT

Fußgeruch

Salbei- oder Eichenrindenzubereitungen

Schuhe und Strümpfe aus natürlichen Materialien

Hämorrhoiden

siehe auch Verstopfung

Hämorrhoiden, so nennt man die prall mit Blut gefüllten Schwellkörper, die den Analkanal nach außen hin dicht verschließen. Fasern aus Bindegewebe halten dieses Polster. Ständiger großer Pressdruck beim Stuhlgang schädigt sowohl Schwellkörper als auch das Bindegewebe: Die Hämorrhoiden schwellen an und können in schlimmen Fällen sogar sichtbar nach außen treten. Schmerzen und **Blutungen** beim Stuhlgang sind die Folge. Zudem kann das Gewebe nässen, schmieren, brennen und jucken. Treten die Beschwerden zum ersten Mal auf, sollten Sie auf jeden Fall einen Arzt aufsuchen. Nur er kann andere Krankheiten ausschließen. Eine Eigenbehandlung ist auch nur dann angebracht, wenn die Hämorrhoiden leichte Beschwerden verursachen und nicht sichtbar hervortreten.

Blut im Stuhl ist ein ernst zu nehmendes Symptom, das von einem Arzt abgeklärt werden sollte. Liegt das Blut dem Stuhl auf und ist es hell rot kann es von Hämorrhoidal-Blutungen stammen.

Ballaststoffe

Die Nahrung sollte **ballaststoffreich** sein. Das unverdauliche Pflanzenmaterial füllt den Darm, besonders wenn es mit Wasser aufquillt. Die Masse drückt dann auf die Darmwände und stimuliert den Darm zu Eigenbewegung und Entleerung.

Diese Lebensmittel sind besonders ballaststoffreich: Hülsenfrüchte, Kohl, Trockenobst, Vollkornflocken, Leinsamen, Weizenkleie, Naturreis, Vollkornnudeln, Weizenvollkornbrot, Rohkost und Nüsse.

Flüssigkeit

Trinken Sie mindestens eineinhalb bis zwei Liter Flüssigkeit täglich, am besten Mineralwasser.

Bewegung

Körperliche Bewegung kommt einer Darmmassage gleich. Langes Sitzen macht den Darm träge. Machen Sie Spaziergänge, gehen Sie Schwimmen oder Radfahren.

Training

Trainieren Sie Ihren Schließmuskel regelmäßig und häufig. Machen Sie mindestens 15-mal am Tag folgende Übung: Kneifen Sie den Schließmuskel fest zusammen, als ob Sie unbedingt Stuhlgang verhindern müssten. Die Spannung für etwa zehn Sekunden halten, dann locker lassen und wieder anspannen und locker lassen.

Unterdrücken Sie den Stuhlgang nie und gewöhnen Sie Ihren Darm an regelmäßige Zeiten.

Sitzbad mit Eichenrinde

25 Gramm Eichenrinde und 25 Gramm Kamillenblüten in der Apotheke mischen lassen. Die Mischung mit einem Liter Wasser abgedeckt zehn Minuten kochen lassen, dann abseihen und abkühlen lassen. Den Sud zu zehn Litern warmem Wasser in eine Sitzwanne geben und darin etwa zehn Minuten baden.

Hämorrhoiden- und Venen-Tee

Hamamelisblätter	37,5 g
Kamillenblüten	37,5 g
Ringelblumenblüten	25,0 g

Dosierung und Anwendung (Nur zur äußerlichen Anwendung!):
Drei Teelöffel Tee für Umschläge oder fünf Esslöffel für Sitzbäder mit siedendem Wasser (500 Milliliter beziehungsweise fünf Liter) übergießen und

bedeckt etwa 15 Minuten ziehen lassen. Danach abseihen.

Wirkung:

Ein Teeaufguss zur äußerlichen Anwendung für Umschläge und Sitzbäder aus **Hamamelis**, Kamille und Ringelblume kann Hämorrhoiden oder Schmerzen in den Beinen lindern. Die Inhaltsstoffe der drei Arzneipflanzen hemmen Entzündungen und fördern die Wundheilung.

Zum heilenden Effekt tragen vor allem Gerbstoffe der Hamamelis bei, die adstringierend, also zusammenziehend auf Haut- und Schleimhautoberflächen wirken.

Tipps zur Hygiene bei Hämorrhoiden

- Verwenden Sie feuchtes unparfümiertes Toilettenpapier und unparfümierte pH-neutrale Seifen.
- Eine weite, atmungsaktive Kleidung ist vor allem bei starkem Schwitzen sinnvoll.
- Analvorlagen – das sind Vliesstücke, die in die Analfalte gelegt werden – verhindern Reizungen.

Hausmittel kompakt

Hämorrhoiden

Ballaststoffreiche Ernährung

Viel trinken

Bewegung

Toiletten-Training

Sitzbäder mit Eichenrinde, Kamille, Ringelblume und Hamamelis

Strapazierte Hände und Nägel

Gepflegte Hände und Nägel sind ein Aushängeschild. Doch schon der tägliche Kontakt mit Wasser laugt Haut und Nägel aus. Diese Tipps machen strapazierte Hände wieder geschmeidig:

Sparen Sie nicht an Creme

Pflegen Sie die Hände nach jedem Händewaschen und vor dem Schlafengehen mit Creme. Gut geeignet ist zum Beispiel eine Ringelblumen-

Handcreme, deren Inhaltsstoffe wundheilend wirken. Eine dicke Cremepackung auf Handrücken und Fingern glättet die Haut spürbar. Baumwollhandschuhe darüberziehen und die Packung mindestens eine halbe Stunde einwirken lassen.

Tauchen Sie Ihre Hände in Öl

Sehr trockene Hände einmal wöchentlich in lauwarmem Olivenöl baden. Nach fünf Minuten herausnehmen und überschüssiges Öl mit einem Kosmetiktuch abnehmen. Restliches Öl gut in Hände und Fingerspitzen einmassieren.

Elastische Nägel

Die beste Voraussetzung für schöne Nägel ist die richtige Maniküre. Zum Kürzen eine Feile benutzen. Dann zum Beispiel ein Ölbad wie oben beschrieben anschließen.

Schneiden Sie die Nagelhaut nicht mit der Schere. Die Haut reißt dann leicht ein.

Nun ist die **Nagelhaut** schön weich und Sie können sie mit einem Holzstäbchen zurückschieben. Die Nägel mit einer Polierfeile auf Hochglanz bringen.

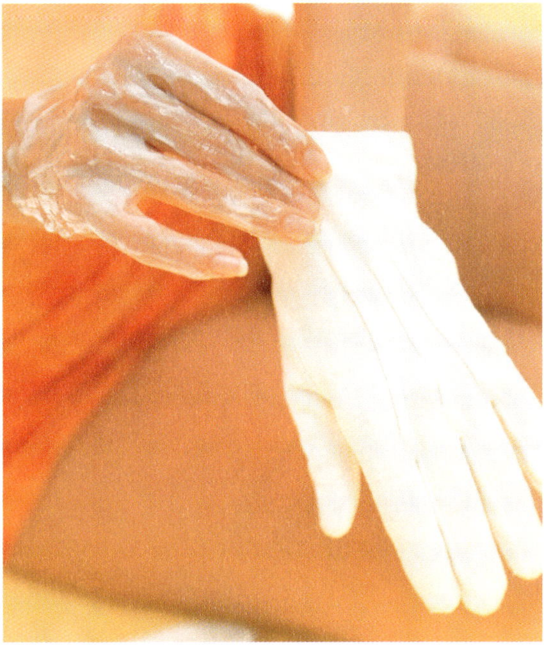

Härte von innen und außen

Eine Ernährung, die besonders viel Nüsse, Haferflocken oder Weizenkeime

enthält, festigt die Nägel. Der Grund: Diese Lebensmittel enthalten reichlich Biotin. Biotin, auch Vitamin H genannt, benötigen Haare und Nägel zum Aufbau.
Ein Bad in Eichenrindetee macht spröde Nägel hart. Einen Esslöffel Rinde mit einem Liter Wasser aufkochen und zehn Minuten sieden lassen, dann abseihen. Die Fingerspitzen in dem erkalteten Sud baden. Eichenrinde gibt es in der Apotheke.

HAUSMITTEL KOMPAKT

Hände und Nägel
Creme-Packungen
Olivenöl
Vitamin H (Biotin)
Eichenrinde

HALSSCHMERZEN

SALBEI-ZUBEREITUNGEN

Erste Hilfe bei einem Kratzen im Hals ist das Gurgeln mit **Salbei**-Zubereitungen. Das kann ein frisch zubereiteter und abgekühlter Tee sein oder eine verdünnte Salbei-Tinktur.

Das im Salbei enthaltene ätherische Öl hat einen leicht zusammenziehenden Effekt auf Schleimhäute und Haut. Sein ätherisches Öl hemmt Bakterien und Viren.

KAMILLE KONTRA KRATZEN IM HALS

Die Inhaltsstoffe der Kamille wirken entzündungslindernd und antibakteriell. Sie können daher Schluckbeschwerden lindern. Einen Esslöffel Kamillenblüten mit 150 Milliliter siedendem Wasser übergießen, fünf bis zehn Minuten bedeckt ziehen lassen, dann abseihen und abkühlen lassen. Mit dem lauwarmen Tee regelmäßig Gurgeln.
In der Apotheke gibt es fertige Kamille-Zubereitungen, zum Beispiel als konzentrierte Lösung oder als Rachenspray.

ZWIEBELWICKEL

Auch ein Zwiebelwickel ist wohltuend. Dazu fünf große

Gemüsezwiebeln klein hacken und ohne Öl in einer Pfanne erwärmen. Die angetrockneten handwarmen Zwiebeln in ein Tuch einschlagen, um den Hals wickeln und mit einem Schal fixieren.

Viel trinken

Bei Halsschmerzen viel warme Flüssigkeit trinken, zum Beispiel den Mund- und Rachentee von Seite 76.

> **Hausmittel kompakt**
>
> **Halsschmerzen**
>
> Zubereitungen mit den Wirkstoffen aus Salbei oder Kamille
>
> Zwiebelwickel
>
> Viel trinken

Unreine Haut

In der Pubertät ist die Haut oft unrein. Fachleute bezeichnen diesen Hautzustand als fett-feucht; einzelne Pusteln und Mitesser können sich bilden. Schwere Formen der Akne muss ein Hautarzt behandeln.

Gesichtsmaske

Eine Gesichtsmaske gegen fett-feuchte Haut besteht aus Heilerde. Drei Esslöffel davon mit warmem Wasser zu einer dicken Paste rühren und im Gesicht auftragen; Mund- und Augenpartie freilassen. Ist die Erde nach etwa 15 Minuten angetrocknet, mit warmem Wasser abwaschen und eine Feuchtigkeitscreme auftragen.

Ein Dampfbad mit Kamille öffnet nicht nur die Poren, sondern fördert auch die Durchblutung sowie den Stoffwechsel der Haut und wirkt zudem entzündungslindernd.

Gesichtsdampfbad

Eine Hand voll Kamillenblüten oder etwa vier Aufguss-Beutel Kamillentee in eine große Schüssel geben und mit drei bis fünf Litern heißem Wasser übergießen. Den **Aufguss** zehn Minuten bedeckt ziehen lassen, dann etwa zehn Minuten das Gesicht über den Dampf halten, dabei ein großes Handtuch über Schüssel und Kopf decken.

Pusteln und Mitesser öffnen

Unsachgemäßes Herumdrücken an Pusteln und Mitessern ist tabu. Richtig funktioniert es so: Haut gründlich reinigen, am besten mit einer Waschcreme oder einem -gel. Anschließend das Gesicht mit einem Dampfbad, das die Poren öffnet, vorbereiten. Nach dem Dampfbad Zellstofftücher um die Zeigefinger wickeln und mit einem sanften Zug in alle vier Richtungen versuchen, den Mitesser zu lösen. Nicht drücken! Gelingt es nicht, den Mitesser in Ruhe lassen.

Die Wirkstoffe im Knoblauch können das Wachstum von Bakterien im Pickel hemmen.

Der Knoblauch-Trick

Hat sich ein Mitesser entzündet, kann der Trick mit der **Knoblauchzehe** helfen: Eine frische Zehe aufschneiden und mit der Schnittstelle auf die Stelle tupfen.

Haut-Tee

Drei Kräuter sind gegen Milchschorf, Pickel und schlecht heilende Wunden gewachsen. In Kombination ergeben Hamamelis, Ringelblume und Stiefmütterchen ein starkes Trio bei Hautproblemen. Der nur für äußerliche Zwecke bestimmte Teeaufguss eignet sich für Umschläge, Teilbäder und als Gesichtswasser.

Hamamelisblätter	60 g
Ringelblumenblüten	20 g
Stiefmütterchenkraut	20 g

Dosierung und Anwendung (nur zur äußerlichen Anwendung!):
Für Umschläge sechs Teelöffel der Mischung (für Bäder Teemenge entsprechend erhöhen) mit 500 Milliliter siedendem Wasser übergießen. Bedeckt etwa 15 Minuten ziehen lassen. Danach abseihen und abkühlen lassen. Mehrmals täglich ein sauberes Handtuch mit dem Aufguss tränken und rund zehn Minuten auf die betroffene Stelle legen.

Wirkung:
Die Inhaltsstoffe der Arzneipflanzen wirken entzündungshemmend. Hinzu kommt der adstringierende, also zusammenziehende Effekt auf die Hautoberfläche, durch die Gerbstoffe der Hamamelisblätter. Dies fördert die Wundheilung.

Hausmittel kompakt

unreine Haut
Heilerde
Kamillendampfbad
Knoblauch
Zubereitungen aus Stiefmütterchenkraut, Ringelblume oder Hamamelis

Herpes

Schon beim ersten Kribbeln sollten Sie die Stellen an den Lippen mit desinfizierendem Alkohol betupfen. In den Bläschen sitzen unzählig viele Viren, entsprechend hoch ist die Verbreitungsgefahr. Deshalb: Finger weg von Herpes-Bläschen, Borken oder Krusten! Mittel wie Zahnpasta, Essig oder Eiswürfel sind wirkungslos.

Melissenextrakt wirkt ebenfalls hemmend auf Herpes-Viren. Entsprechende Zubereitungen gibt es in der Apotheke.

> **HAUSMITTEL KOMPAKT**
>
> **Herpes**
>
> Desinfizieren mit Alkohol
>
> Zubereitungen mit Melissenextrakt

Husten

► siehe Erkältung

Insektenstiche

Ist der Stachel des Insekts in der Haut hängen geblieben – das ist zum Beispiel bei Bienenstichen der Fall –, müssen Sie diesen vorsichtig am besten mit einer Pinzette entfernen. Vorsichtig, denn häufig hängt die Giftblase mit am Stachel. Druck auf diese Blase beim Herausziehen befördert noch mehr Gift unter die Haut.

> **Achtung!**
> Den Rettungsdienst müssen Sie sofort alarmieren, wenn der Gestochene allergisch auf das Insektengift reagiert, also mit starken Schwellungen oder in einen Schockzustand gerät. Bei Stichen in Mund oder Rachen ist ebenfalls ärztliche Soforthilfe wegen Erstickungsgefahr erforderlich. Bis der Rettungsdienst eintrifft, den Betroffenen ständig Eis lutschen lassen und ihm kalte Umschläge um den Hals legen.

Eispackung

Eis nie direkt auf die Haut packen, sondern immer ein Tuch zwischen Haut und Eis legen.

Kaltes Wasser oder eine **Eispackung** lassen den Insektenstich abschwellen und lindern Schmerz und Juckreiz. Für unterwegs ist eine Kältepackung praktisch, die auf mechanischen Druck hin Kälte entwickelt.

Quark-Umschlag

Die Masse etwa fünf Millimeter dick auf der geschwollenen Partie verteilen. Wird der Quark nicht mehr als angenehm kühl empfunden, die Masse mit einem feuchten Tuch entfernen und frischen Quark auftragen.

Zwiebel-Wickel

Eine kleine Zwiebel schälen und in Scheiben schneiden. Auf die Stichstelle legen und mit einer Mullbinde fixieren. Nach etwa 10 bis 15 Minuten entfernen.

Heilerde-Umschlag

Das Pulver mit so viel kaltem Wasser anrühren, dass eine streichfähige feuchte Masse entsteht. Den Lehm etwa einen Zentimeter dick auftragen, mit einem Tuch abdecken und einer Mullbinde fixieren. Etwa eine Stunde anwenden.

Zwiebeln enthalten Schwefelverbindungen, die entzündungsfördernde Substanzen im Körper hemmen können.

Essigsaure Tonerde

Die essigsaure Tonerde nach Vorschrift mit Wasser verdünnen. Ein Tuch damit tränken und leicht auswringen. Das Tuch auflegen und mit einem trockenen Baumwolltuch fixieren. Etwa eine Stunde anwenden.

So halten Sie sich Insekten vom Leibe:

- Fliegengitter an Türen und Fenstern anbringen
- Moskitonetz über das Bett spannen
- Ätherische Öle wie Citronella, Lavendel, Minze, Nelke, Eukalyptus oder Zeder

schrecken Insekten wie **Mücken** oder Zecken ab. Fertige Mischungen zum Einreiben der Haut gibt es in der Apotheke. Für einen sicheren Schutz sollten die ätherischen Öle öfter aufgetragen werden.

Achtung: In manchen Ländern übertragen Mücken Malaria. Ätherische Öle bieten dagegen keinen ausreichenden Schutz. Informieren Sie sich in Ihrer Apotheke vor einer Reise in solche Länder über die notwendigen Maßnahmen!

Stören Bienen oder Wespen auf Balkon, Terrasse oder Biergarten? Spicken Sie eine Zitronenscheibe mit Nelken. Die Zitronensäure setzt Nelkenöl frei, das die Insekten vertreibt.

Zecken entfernen

Zecken können Krankheiten übertragen. Deshalb: Zecken schnellstens und richtig entfernen. Kein Öl oder Klebstoff auf die Zecke geben, denn der Schmarotzer übergibt sich dann regelrecht, und es gelangen noch mehr Erreger ins menschliche Blut. In der Apotheke gibt es spezielle Zeckenzangen, mit denen man die Tiere leicht entfernen kann. Anschließend die Stelle desinfizieren.

Hausmittel kompakt

Insektenstiche

Wickel mit Eis, Quark, Zwiebeln, Heilerde oder Essigsaurer Tonerde

Fliegengitter

Moskitonetze

Ätherische Öle

Kopfschmerzen

Alternative Heilmethoden und Entspannungsübungen können entscheidend zur Linderung von Kopfschmerzen beitragen. Bei erstmalig und plötzlich auftretenden heftigen Kopfschmerzen sollte man sofort zum Arzt.

Verspannungen in Schultern und Nacken führen sehr oft zu Kopfschmerzen.

Lockern Sie Verspannungen zum Beispiel mit

- Gymnastischen Übungen
- Autogenem Training
- Feucht-heißen Kompressen auf der Schulter-Nackenpartie. Dazu Baumwolltücher mit heißem Wasser befeuchten, gut auswringen, auf die Schultern legen und mit trockenen Tüchern abdecken.
- Massagen, zum Beispiel mit entspannend wirkenden ätherischen Ölen wie Melissen- oder Lavendelöl.

Partnermassage mit entspannendem Massage-Öl

15 Tropfen Melissen- oder Lavendelöl mit 100 Millilitern Jojobaöl vermischen und Schultern und Nacken in sanft kreisenden Bewegungen massieren. Die Partie mit einem Handtuch abdecken und den Kopfschmerz-Patienten ruhen lassen.

Besonders bei Kindern können Pfefferminzöl-Lösungen eine Alternative zur Gabe von Schmerzmitteln sein.

Auch **Pfefferminzöl** beziehungsweise Pfefferminzöl-Lösungen, die man äußerlich auf Stirn und Schläfen streicht, können Spannungskopfschmerzen lindern.

Bei akuten Kopfschmerzen:

- Duschen Sie Ihren Nacken abwechselnd warm und kalt,
- legen Sie kalte Tücher oder Waschlappen auf die Stirn,
- machen Sie einen Spaziergang, oder sorgen Sie für frische Luft im Zimmer.

Vorbeugen

- Kopfschmerzen durch Alkohol kann man vermeiden, indem man zum Alkohol viel Wasser trinkt. Alkohol entzieht dem Körper Wasser, das Blut wird dadurch dickflüssiger.
- Magnesium, das kurmäßig eingenommen wird, kann Kopfschmerz-Attacken lindern.
- Menschen, die häufig unter Kopfschmerzen leiden, soll-

ten ein **Kopfschmerz-Tagebuch** führen. Eine Analyse des Tagebuchs kann helfen, die Auslöser zu meiden.

Im Tagebuch wird notiert, unter welchen Umständen die Schmerzen aufgetreten sind, was in den Stunden vor Eintritt der Schmerzen getan wurde, was gegessen wurde und andere wichtig erscheinende Details.

Besonders Menschen, die an Migräne leiden sollten

- sich an einen regelmäßigen Schlaf-Wach- und Ess-Rhythmus gewöhnen. Stress, Hektik, starkes Licht und Lärm vermeiden,
- auf Nikotin, Alkohol, Schokolade und Käse verzichten sowie
- Entspannungsübungen fest in den Tagesablauf einplanen.

Bei Katerkopfschmerz oder Wetterfühligkeit

Kräftiger schwarzer Tee (Ceylon oder Assam)	90 g
Orangenschale (getrocknet)	10 g

Dosierung und Anwendung (pro Tasse):
Zwei Teelöffel der Teemischung mit kochendem Wasser übergießen und maximal zwei Minuten ziehen lassen, da bei längerer Ziehdauer Gerbstoffe den Tee bitter schmecken lassen und die Wirkung des Koffeins bremsen. Danach abseihen und bei Bedarf mit etwas Kandiszucker oder Honig süßen.

Wirkung:
Das enthaltene Koffein verbessert die Durchblutung. Außerdem verengt es die Hirngefäße, wodurch der Druck auf die Flüssigkeit, die das Gehirn umgibt, nachlässt.

Hausmittel kompakt

Kopfschmerz
Entspannungsgymnastik
Autogenes Training
Heiße Kompressen
Massagen
Pfefferminzöl
Wechselduschen
Frische Luft
schwarzer Tee, Kaffee

Leber- und Gallenbeschwerden

Versagen Galle oder Leber ihren Dienst, ist also die **Gallensaft-Produktion** eingeschränkt oder der Gallenabfluss gestört, stellen sich meist Verdauungs-Beschwerden ein, die mit Völlegefühl und Aufstoßen einhergehen.

Die Leberzellen produzieren den Gallensaft, der über die Gallenwege in die Gallenblase gelangt. Die Galle hilft bei der Fettverdauung.

Gallentee

Kümmelfrüchte	10 g
Javanische Gelbwurz	20 g
Mariendistelfrüchte	20 g
Löwenzahnwurzel	30 g
Pfefferminzblätter	20 g

Dosierung und Anwendung (pro Tasse):

Einen Esslöffel Tee mit siedendem Wasser übergießen und bedeckt etwa 10 bis 15 Minuten ziehen lassen. Abseihen und drei- bis viermal täglich eine Tasse frisch bereiteten Tee trinken.

Wirkung:

Mit Arzneipflanzen wie Kümmel, Löwenzahn sowie mit Scharfstoffen der Javanischen Gelbwurz unterstützen Gallentees die Bildung des bitteren Saftes und helfen, den Gallenabfluss zu normalisieren. Mariendistelfrüchte schützen die Leberzellen. Außerdem lösen Inhaltsstoffe der Pfefferminze Krämpfe der Gallenblase und –wege. Die Wirkung beruht auf ätherischen Ölen.

Der in der Artischocke enthaltene Stoff Cynarin fördert ebenfalls die Gallensekretion. Außerdem regt er den Leberstoffwechsel an und schützt die Leber vor Giftstoffbelastungen.

Hausmittel kompakt

Leber und Gallenblase

Zubereitungen aus Pfefferminze, Kümmel, Löwenzahn, Mariendistel, Artischocke oder Javanischer Gelbwurz

Magen-schmerzen

► siehe auch Blähungen, Völlegefühl, Sodbrennen

Rollkur

Eine Rollkur auf nüchternen Magen, am besten morgens, hilft bei einer **Reizung der Magenschleimhaut:** Zwei Esslöffel Kamillenblüten mit 200 Millilitern kochendem Wasser übergießen. Abgedeckt etwa fünf Minuten ziehen lassen. Den Tee in kleinen Schlucken trinken, dann hinlegen. Jeweils für zehn Minuten auf den Rücken legen, dann auf die rechte Seite wenden, dann auf den Bauch, auf die linke Seite und wieder auf den Rücken legen.

Treten Magenschmerzen regelmäßig nach dem Essen auf, kann dies auf eine Magen-schleimhaut-Entzündung hinweisen: Lassen Sie sich genau untersuchen!

Süssholz und Schafgarbe

Auch Süßholz und Schafgarbe helfen durch ihre entzündungshemmenden und krampflösenden Inhaltsstoffe gegen Magenschleimhaut-Reizungen.

Hinweis:
Zubereitungen mit Süßholzwurzel ohne ärztlichen Rat nicht länger als vier bis sechs Wochen anwenden.

Wärme

Wärme in Form einer Wärmflasche oder eines warmen Leibwickels beruhigt krampfartige Magenschmerzen.

Hausmittel kompakt

Magenschmerzen

Zubereitungen aus Kamille, Schafgarbe und Süßholz

Rollkur

Wärme

Muskelkater

Feine Risse in den Fasern eines überlasteten Muskels sind die Ursache für den Muskelkater. Durch die Risse dringt nach und nach Wasser aus den umliegenden Geweben in den Muskel. Drückt die Schwellung zum Beispiel auf blutversorgende Gefäße, bereitet dies Schmerzen. Reparaturzellen, die den Riss im Muskel schließen, können ebenfalls solche Druckschmerzen bereiten.

Vor dem Sport die Muskeln gut aufwärmen und dehnen. Nach der Bewegung kann eine heiße Dusche und Bürstmassagen dem Muskelkater vorbeugen. Warme Umschläge sowie Einreibungen, zum Beispiel mit Arnika oder Franzbranntwein, fördern die Durchblutung, und Risse werden schneller repariert.

HAUSMITTEL KOMPAKT

Muskelkater

Dehnübungen

Bürstmassagen

Warme Umschläge

Einreibungen mit Arnika oder Franzbranntwein

NASENBLUTEN

Die Nase und die Nasenscheidewand sind sehr gut durchblutet. Da nur eine dünne Schleimhautschicht die Blutgefäße bedeckt, können sie leicht verletzt werden. Blutet die Nase, sollten Sie den Rücken gerade halten und den Kopf leicht nach vorne beugen. So kann das Blut aus der Nase abfließen. In den Nacken ein kaltes Tuch oder einen Eisbeutel legen, denn die **Kälte** zieht die Blutgefäße zusammen, so dass weniger Blut in den Kopf gelangt. Nun leicht schnäuzen und mit zwei Fingern die Nase für circa fünf Minuten fest zudrücken, bis die Blutung zum Stillstand kommt.

Wenn Sie den Mund mit kaltem Wasser ausspülen, erzielen Sie einen ähnlichen Effekt.

HAUSMITTEL KOMPAKT

Nasenbluten

kalte Kompressen oder Eisbeutel

Trockene Nase

Da trockene Nasenschleimhäute, zum Beispiel durch trockene Raumluft, die Neigung zu Nasenbluten begünstigen, schaffen mit Wasser gefüllte Schälchen auf den Heizkörpern Abhilfe. Gegen trockene Nasenschleimhäute haben sich außerdem pflegende Nasensalben oder Nasenspülungen mit isotonischer Kochsalzlösung bewährt. Am einfachsten ist das mit einer speziellen Nasendusche. So kann die Flüssigkeit bei einem Nasenloch hinein und beim anderen wieder hinaus laufen. Regelmäßige Anwendungen mit der Nasendusche sollen auch einem Schnupfen vorbeugen können.

Trockene Nase durch ständigen Gebrauch von Nasentropfen

Nasentropfen, die ein freies Durchatmen ermöglichen, sind für viele Menschen ein Segen, zum Beispiel wenn sie an Heu- oder Stockschnupfen leiden. Doch bei Dauergebrauch dieser Nasentropfen ist die Gefahr einer **Abhängigkeit** groß. Außerdem können solche Tropfen die Nasenschleimhäute austrocknen und schädigen. Mit den nachfolgenden Entzugstropfen kann man bei einer bestehenden Abhängigkeit eine Entwöhnungskur starten. Sie dauert mindestens 14 Tage. Der Apotheker fertigt die Tropfen an.

Wer zu lange Nasentropfen verwendet, dessen Nase fühlt sich bald auf Dauer verstopft an.

Entzugstropfen

NaCl	0,12 g
Methocel ®	2 bis 3 g
Aqua purificata	ad 10,0 g
Benzalkoniumchlorid (Konservierung)	0,01 %

Die Tropfen sind drei bis vier Tage haltbar.

Anwendung: Zuerst wird das rechte Nasenloch entwöhnt und bei Bedarf mit den Tropfen befeuchtet. Das linke Nasenloch darf nach wie vor mit der gewohnten

Arznei versorgt werden. Nach acht Tagen nun auch das andere Nasenloch mit den Entzugstropfen behandeln.

HAUSMITTEL KOMPAKT

trockene Nase

Luftfeuchtigkeit und Nasenspülungen

NERVOSITÄT & SCHLAFLOSIGKEIT

Schlafhygiene hat nichts mit Sauberkeit zu tun, vielmehr mit bestimmten Ritualen, die Sie vor dem Zubettgehen einhalten sollten. Dazu gehören folgende Tipps.

PRAKTISCHE SCHLUMMERHILFEN

Sagen Sie sich etwa zwei Stunden vor dem **Zubettgehen:** „Die Arbeit ist getan, jetzt ist es Zeit, zur Ruhe zu kommen." Ein Spaziergang am Abend, ein gutes Buch oder einfach das Entspannen bei süßem Nichtstun stimmt hervorragend auf die Schlafenszeit ein. Fernsehen ist eine eher schlechte Lösung.

Legen Sie sich Stift und Notizblock auf den Nachttisch. So können Sie sich Gedanken aus dem Sinn schreiben und besser weiterschlafen.

Gehen Sie nur zu Bett, wenn Sie genügend Müdigkeit verspüren. Wenn Sie nicht einschlafen können, stehen Sie nach 10 bis 15 Minuten wieder auf, anstatt sich unruhig hin und her zu wälzen.

Lassen Sie belastende **Tagesereignisse** nicht im Bett Revue passieren, sondern am besten mit geschlossenen Augen in einem Sessel.

Es gibt ausgesprochene Kurzschläfer, die sogar mit weniger als fünf Stunden Schlaf pro Nacht auskommen und morgens trotzdem erholt sind.

Es wird immer wieder unterschätzt, wie lange man schläft. Außerdem muss bei der Schlafberechnung zum Beispiel auch die Zeit für das Mittagsschläfchen berücksichtigt werden.

Alkohol ist kein guter Schlummertrunk, er entspannt auch nur in kleinen Mengen. Man schläft dann zwar relativ rasch ein, wacht dafür aber häufiger auf und schläft auch nicht so tief wie ohne Alkohol.

Macht sich statt der nötigen Bettschwere innere Unruhe breit, dann kann ein Tee mit Melisse, Baldrian, Hopfen und Johanniskraut zur wohl verdienten Ruhe verhelfen.

Beruhigungstee

Melissenblätter	30 g
Johanniskraut	30 g

Baldrianwurzel	15 g
Hopfenzapfen	15 g
Pomeranzenblüten	10 g

Dosierung und Anwendung (pro Tasse):
Einen Esslöffel Tee mit siedendem Wasser übergießen und bedeckt etwa zehn Minuten ziehen lassen. Abseihen und kurz vor dem Schlafengehen eine Tasse frisch bereiteten Tee trinken.

Wirkung:
Johanniskraut sorgt für Ausgeglichenheit und kann dazu beitragen, depressive Verstimmungen zu lösen. Baldrian, Melisse und Hopfen beruhigen, erleichtern das Entspannen und fördern das Einschlafen. Johanniskraut wirkt erst nach mehreren Tagen regelmäßiger Einnahme.
Die Pflanzenextrakte gibt es auch als fertige Präparate in Form von Tropfen, Tabletten, Dragees oder Kapseln in der Apotheke.

Die Wirkstoffe des Johanniskrauts können empfindlicher gegen Sonnenlicht machen.

Wenn einmal alles aus dem Gleichgewicht gerät, die Nerven verrückt spielen, man überreizt ist und die Verdau-

Echtes Melissenöl ist wertvoll: Zur Gewinnung von einem Liter Öl benötigt man 7000 Kilogramm Melissenpflanzen.

ung in Generalstreik zu treten scheint, kann folgender Tee helfen:

Tee für die innere Balance

Lavendelblüten	20 g
Melissenblätter	20 g
Passionsblumenkraut	20 g
Pfefferminzblätter	20 g
Fenchelfrüchte (angestoßen)	20 g

Dosierung und Anwendung (pro Tasse):
Zwei Teelöffel der Mischung mit kochendem Wasser übergießen und bedeckt etwa zehn Minuten ziehen lassen. Danach abseihen, und kurmäßig über mehrere Wochen zwei- bis dreimal täglich eine Tasse frisch bereiteten Tee trinken.

Wirkung:
Lavendel, Melisse und Passionsblume helfen, zur inneren Balance zurückzufinden. Die Nervosität legt sich, und Ruhe und Gelassenheit kehren wieder, während Pfefferminze sowie Fenchel die Magen- und Darmtätigkeit wieder auf Trab bringen.

Weitere Pflanzen, die bei nervösen Störungen helfen können:

- Traubensilberkerze, die sich wegen ihrer östrogenartigen Wirkung bei typischen Frauenbeschwerden in den Wechseljahren oder vor der Regel bewährt hat,
- Kava-Kava-Wurzel, deren Inhaltsstoffe entspannen, Ängste lösen und dadurch den Schlaf fördern.

Hausmittel kompakt

Nervosität & Schlaflosigkeit

Zubereitungen aus Johanniskraut, Baldrian, Melisse, Passionsblume, Hopfen, Lavendel, Traubensilberkerze sowie Kava-Kava

Entspannungsübungen

Schlafhygiene

Ohren-schmerzen

Oftmals wird empfohlen, warmes Öl oder so genanntes Königsöl, das aus Olivenöl-Auszug und Wollblumenblüten hergestellt wird, in das Ohr zu träufeln. Dieses Hausmittel ist nur bedingt empfehlenswert, denn ist zum Beispiel das Trommelfell verletzt, könnte Öl in das Innenohr gelangen.

Über die Nase ins Ohr

Gegen Ohrenschmerzen helfen oft abschwellende **Nasentropfen** aus der Apotheke. Man träufelt sie in die Nase und neigt den Kopf in Richtung des betroffenen Ohrs.

Dieser Trick hilft übrigens auch zum Druckausgleich beim Landeanflug im Flugzeug.

Zwiebelwickel

Eine große Gemüsezwiebel klein hacken und ohne Öl in einer Pfanne erwärmen. Die angetrockneten warmen Zwiebeln in ein Tuch schlagen und auf das schmerzende Ohr legen.

Hausmittel kompakt

Ohrenschmerzen
Nasentropfen
Zwiebelwickel

Regel-beschwerden

Alle Monate wieder müssen Frauen Evas Erbe antreten – und das ist selten paradiesisch. Gegen krampfartige oder ziehende Schmerzen in Unterleib und Rücken, sowie **seelische Verstimmungen** helfen Wärme, Entspannungsübungen und manche Heilpflanze.

Die Hormonumstellung während des Zyklus kann vor und am Anfang der Tage aufs Gemüt schlagen.

Entspannung und Ruhe

Treten Sie während der Tage kürzer und nehmen Sie sich Zeit. Lassen Sie sich nicht einengen, auch nicht durch unbequeme Kleidung. Bewegen Sie sich viel an der frischen Luft. Auch Atemübungen, autogenes Training oder Yoga sind hilfreich.

Wärme

wirkt wohltuend und löst Verkrampfungen. Legen Sie eine Wärmflasche abwechselnd auf Unterleib und Rücken. Entsprechend wirkt ein warmer Wickel.

Kräuterbad

Lassen Sie sich folgende Kräuter in der Apotheke mischen: 20 g Schafgarbe, 10 g Kamillenblüten, 10 g Frauenmantel und 10 g Lavendel. Die Kräuter mit einem Liter kochendem Wasser übergießen und abgedeckt 10 bis 15 Minuten ziehen lassen. Dann abseihen und den Sud zum Badewasser geben.

Gymnastik

löst ebenfalls Verkrampfungen. Versuchen Sie es zum Beispiel mit folgender Übung, Sie brauchen dafür nur eine Matte oder Decke als Unterlage: Legen Sie sich

auf den Rücken und winkeln Sie die Beine an. Stemmen Sie nun die Hüfte nach oben. Der Körper soll von den Schultern bis zu den Knien eine Gerade bilden, die Arme bleiben auf dem Boden liegen. Für einige Sekunden diese Position halten, dann entspannen und das Gesäß wieder auf dem Boden ablegen. Übung mehrmals wiederholen.

Magnesium

Achten Sie auf eine Ernährung, die viel **Magnesium** enthält, denn dieser Mineralstoff entkrampft.

Magnesium ist zum Beispiel besonders reichlich enthalten in Weizenkleie, Vollkornreis, Haferflocken oder Nüssen.

Sind die Schmerzen oder die Blutung sehr stark, sollten Sie ein Arzt zu Rate ziehen.

Tee gegen Regelbeschwerden

Kamillenblüten	30 g
Schafgarbenkraut	30 g
Melissenblätter	20 g
Johanniskraut	20 g

Dosierung und Anwendung (pro Tasse):
Zwei Teelöffel Tee mit siedendem Wasser übergießen und bedeckt etwa zehn Minuten ziehen lassen. Abseihen und zwei- bis dreimal täglich eine Tasse frisch bereiteten Tee trinken.

Wirkung:
Während und auch schon vor Einsetzen der Regel lindern Kamille und Schafgarbe krampfartige Schmerzen. Melisse löst nervöse Spannungen. Johanniskraut wirkt stimmungsaufhellend und ausgleichend.

Hausmittel kompakt

Regelbeschwerden
Gymnastik
Atemübungen
Magnesium
Entspannungsbäder
Zubereitungen aus Frauenmantel, Schafgarbe, Johanniskraut, Melisse

Rheumatische Beschwerden

Wärme tut gut, zum Beispiel bei Muskelverspannungen, Abnutzungs- beziehungsweise Verschleißerscheinungen und chronischen Entzündungen. Akute Entzündungen, zum Beispiel eine Arthritis, sprechen auf Kälte besser an und verschlechtern sich sogar durch Wärme. Kälte wirkt abschwellend und lindert Schmerzen.

Wärme erweitert die Gefäße, dadurch strömt mehr Blut in das Gewebe, und steife Muskeln und Gelenke werden beweglicher.

Warme Wickel

sind wohltuend zum Beispiel bei steifem Hals, Rückenschmerzen durch Muskelverspannung, Arthrose im Knie-, Hand- oder Hüftgelenk.

Fangowickel

Fango ist ein Mineralschlamm und wird auch Vulkanerde genannt. Der Schlamm kann sehr gut Wärme speichern und wird als fertiger Wickel in vielen Größen in der Apotheke angeboten.

Den Fangowickel in heißem Wasser oder im Backofen erwärmen. Prüfen Sie auf der Innenseite des Unterarms, ob die Temperatur des Wickels angenehm ist. Wickel auflegen, mit einem Zwischentuch abdecken und ein Hülltuch darüber legen. Die Tücher sollten aus Baumwolle oder Leinen sein. Man kann den Wickel beliebig oft anwenden und sollte ihn nach 20 bis 40 Minuten abnehmen. Decken Sie die Stelle anschließend gut ab. Das verbessert den Wärmeeffekt.

Leinsamenwickel

100 Gramm Leinsamenmehl aus der Apotheke (ausreichend zum Beispiel für ein Handgelenk) in der doppelten Menge Wasser (200 Milliliter) aufkochen. Unter ständigem Rühren zu einem glatten Brei einköcheln lassen. Den Brei einen Zentimeter dick in Haushaltspapier-Tücher einschlagen. Den Wickel in ein

Baumwolltuch hüllen und auflegen, nachdem man die Temperatur auf der Innenseite des Unterarms überprüft hat. Mit einer elastischen Binde fixieren.

Rosmarinbad

50 Gramm **Rosmarinblätter** mit einem Liter heißem Wasser übergießen, bedeckt etwa 15 Minuten ziehen lassen, dann abseihen. Den Sud zum Badewasser geben und etwa 10 Minuten darin baden.

Bäder mit Rosmarin steigern die Durchblutung und wirken schmerzlindernd. Der Volksname „Brautkraut" erinnert an die frühere Verwendung als Hochzeitsblume, die ein Sinnbild für die Treue war.

Kalte Wickel

sind wohltuend zum Beispiel bei akuten Entzündungen.

Quarkwickel

Vollmilchquark für mindestens eine Stunde in den Kühlschrank geben. Die kühle Masse auf ein Baumwolltuch geben und darin einschlagen. Den Wickel auflegen und mit einem Handtuch abdecken. Für etwa 20 Minuten auf der Stelle belassen.

Heilerde besteht aus verschiedenen Gesteinsmehlen, darunter hauptsächlich Quarze, Feld- und Kalkspat und Glimmer. Heilerde soll schmerzlindernde und stoffwechselfördernde Eigenschaften haben.

Eiswickel für geschwollene Gelenke

Eiswürfel in eine Schüssel mit kaltem Wasser geben. Ein Baumwolltuch in das Eiswasser tauchen, herausnehmen und auswringen. Um das Gelenk wickeln, mit einem Schutztuch abdecken und mit einer elastischen Binde fixieren. Den Wickel erneuern, sobald er sich erwärmt hat.

Lehmwickel

Heilerde aus der Apotheke in eine Schüssel geben. Wenig Wasser nach und nach zur Heilerde gießen und ver-

rühren, bis die Masse immer noch fest aber feucht ist. Den Lehm ein bis zwei Zentimeter dick auf die schmerzende Stelle mit einem Holzspatel auftragen, mit einem Baumwolltuch ab- und einem Wolltuch zudecken. Gegebenenfalls mit einer elastischen Binde fixieren. Den Wickel entfernen, sobald der Lehm trocken ist.

Rheumatee

Weidenrinde	40 g
Brennnesselblätter	40 g
Pfefferminzblätter	20 g

Dosierung und Anwendung (pro Tasse):
Zwei Teelöffel Tee mit siedendem Wasser übergießen und bedeckt etwa zehn Minuten ziehen lassen. Danach abseihen. Drei- bis fünfmal am Tag eine Tasse frisch bereiteten Tee trinken!

Wirkung:
Kennt man die Weide üblicherweise nur als Rohstofflieferant für Korbgeflechte, zeigt ihre Rinde Einsatzfähigkeit auf noch ganz anderem Gebiet: Weidenrinde als natürliches Reservoire der Salicylsäure hilft, Schmerzen und Entzündungen zu lindern. In Tee-Zubereitungen verwendet man sie daher gemeinsam mit Brennnesselblättern, die die Nierentätigkeit anregen, um die Behandlung leichter rheumatischer Beschwerden zu unterstützen.

Hinweis:
Achten Sie darauf, zusätzlich zum Tee reichlich Flüssigkeit zu sich zu nehmen!

Weitere sinnvolle Hausmittel

Einreibungen mit Johanniskraut-Rotöl bei schmerzenden Gelenken oder stumpfen Verletzungen, Umschläge mit essigsaurer Tonerde, die zum Beispiel bei schmerzenden Gichtgelenken hilfreich sind und Franzbranntwein, Arnika oder Beinwell zur äußerlichen unterstützenden Therapie bei Zerrungen, Prellungen, Verstauchungen, Muskel- und Gelenkschmerzen.

> **Hausmittel kompakt**
>
> **rheumatische Beschwerden**
>
> Wärme in Form von Fango- oder Leinsamenwickeln oder einem Rosmarinbad
>
> Kälte in Form von Quark-, Eis- , Tonerde- oder Lehmwickeln
>
> Rotöl
>
> Franzbranntwein, Arnika, Beinwell
>
> Zubereitungen aus Weidenrinde

Schlaflosigkeit

► siehe Nervosität & Schlaflosigkeit

Schnupfen

► siehe Erkältung

Schwangerschaft

Bei der Anwendung oder Einnahme von Medikamenten besteht in der Schwangerschaft und Stillzeit größte Vorsicht. Das gilt auch für Hausmittel. Die folgenden Tipps sind daher nur für leichte Beschwerden oder zur Vorbeugung gedacht. Zu jeglichen Fragen in der Schwangerschaft oder Stillzeit geben Apotheker und Arzt gerne Auskunft.

Bei morgendlicher Übelkeit

Noch vor dem Aufstehen ein Stück trockenes Brot essen. Auch ein Teelöffel Bienenhonig auf nüchternen Magen kann helfen. Bei Erbrechen die verloren gegangene

Flüssigkeit ersetzen, zum Beispiel mit einer Gemüsebrühe.

Schwangerschaftsstreifen

Die Haut an Bauch, Hüften und Brust bleibt elastisch, wenn man sie täglich mit einem Hautöl oder einer entsprechenden Creme **massiert**.

Besonders effektiv gegen Schwangerschaftsstreifen sind Zupfmassagen. Dazu Hautfalte zwischen Daumen und Zeigefinger nehmen und sanft nach oben ziehen.

Die Haut braucht Vitamin C und Vitamin A von innen. Daher Obst und Gemüse, vor allem rotes und gelbes, in den Speiseplan einbauen.

Verstopft?

Milchzucker, zum Beispiel ins Müsli eingerührt, beugt einer Verstopfung vor.
Eine leicht abführende Wirkung haben Sauerkraut oder eingeweichtes Trockenobst. Auch ein Glas lauwarmes Wasser, morgens auf nüchternen Magen getrunken, hilft.

Brustpflege

Die Brustwarzen auf das Stillen vorbereiten: Mehrmals täglich mit kaltem Wasser waschen und trocken reiben. Zur Pflege oder bei leichten Entzündungen eignet sich zum Beispiel eine Salbe mit Ringelblumen- oder Kamillen-Extrakt.

Geht es dann ans Stillen, treten nicht selten Probleme auf: Zu wenig Milch, Babys Bauch rumort und bläht sich nach jeder Mahlzeit. Dieser Stilltee kann helfen.

Stilltee

Anisfrüchte (angestoßen)	25 g
Fenchelfrüchte (angestoßen)	25 g
Kümmelfrüchte (angestoßen)	25 g
Melissenblätter	25 g

Dosierung und Anwendung (pro Tasse):
Zwei Teelöffel Tee mit siedendem Wasser übergießen und bedeckt etwa zehn Minuten ziehen lassen. Abseihen und drei- bis fünfmal täglich eine Tasse frisch bereiteten Tee trinken.
Wirkung:
Ein Stilltee mit Fenchel soll die Milchbildung ankurbeln und zusammen mit Anis, Kümmel und Melisse schmerzhaften Blähungen beim Säugling vorbeugen.

HAUSMITTEL KOMPAKT

Schwangerschaft

Hautöl, Ringelblumen- oder Kamillensalbe zur Hautpflege

Trockenes Brot, Zwieback gegen Übelkeit

Milchzucker, Sauerkraut, Trockenobst gegen Verstopfung

Stilltee

Schwitzen

► siehe auch Wechseljahre und Fußgeruch

Gegen starkes Schwitzen hilft es, Salbeitee zu trinken. Die Inhaltsstoffe der Pflanze verringern die Schweißbildung.

Sodbrennen

Menschen, die zu Sodbrennen neigen,

- kann es helfen, mit leicht erhöhtem Oberkörper zu schlafen. Der Magensaft fließt dann nicht so leicht in die Speiseröhre zurück.
- sollten Alkohol und Nikotin nur in Maßen genießen.
- müssen keine spezielle Diät einhalten. Vorsicht ist jedoch bei üppigen und fettreichen Mahlzeiten, Kaffee, schwarzen Tee, sauren Säften und Süßigkeiten geboten.
- hilft es, **abzunehmen**.
- hilft der Wirkstoff Natron (Natriumbicarbonat), der die Säure binden kann. Die Substanz gibt es als Pulver oder in Form von Fertigprä-

Überflüssige Kilos drücken auf den Magen und fördern so das Sodbrennen.

paraten in der Apotheke. Die Wirkung tritt rasch ein, klingt aber innerhalb einer halben Stunde wieder ab.

> **HAUSMITTEL KOMPAKT**
>
> **Sodbrennen**
>
> Natron (Natriumbicarbonat)

Übelkeit

„Mein Magen dreht sich um." Medizinisch gesehen tut er das natürlich nicht, doch es dürfte wohl kaum eine Redensart geben, die den Zustand von Übelkeit und Brechreiz treffender beschreibt als diese. Mit dieser Art von Unwohlsein revanchiert sich der Magen meist für Schwerverdauliches, zu viel oder gar verdorbene Nahrung. Wohltuend ist in solchen Fällen ein Pfefferminztee mit frischem Ingwer.

Tee gegen Übelkeit

Pfefferminzblätter	100 g
Ingwerwurzel (frisch)	

Dosierung und Zubereitung (pro Tasse):
Einen bis zwei gehäufte Teelöffel Pfefferminzblätter sowie ein circa ein Zentimeter großes Stück Ingwer (klein geschnitten) mit kochendem Wasser übergießen und etwa sechs Minuten ziehen lassen. Danach abseihen und zwei- bis dreimal am Tag eine Tasse frisch bereiteten Tee trinken.

Wirkung:
Pfefferminze entkrampft die angespannte Muskulatur des Verdauungstraktes. Ingwer sorgt dafür, dass der Brechreiz nachlässt.

> **HAUSMITTEL KOMPAKT**
>
> **Übelkeit**
>
> Zubereitungen aus Pfefferminze und/oder Ingwer

Verspannungen

Anleitungen für wohltuende Wärmeanwendungen finden Sie auf Seite 69 und 70.

Massage

Zwei Tropfen Melissenöl mit zwei Esslöffeln Mandelöl vermischen und die verspannte Muskelpartie mit sanften Griffen lockern.

> **Hausmittel kompakt**
>
> **Verspannungen**
>
> Wärme in Form von Fango- oder Leinsamenwickeln, einem Heublumensack oder einem Rosmarinbad
>
> Massagen

Verstopfung

Falsche Ernährungsgewohnheiten sind oft der Grund für Verstopfung und Darmträgheit.

Ballaststoffe

Balaststoffe quellen nur mit ausreichend Flüssigkeit. Trinken Sie mindestens anderthalb bis zwei Liter täglich, am besten Mineralwasser.

Ballaststoffe aus Vollkornprodukten, Gemüse und Obst regen die Darmtätigkeit an. Diese Lebensmittel sind besonders ballaststoffreich:

100 Gramm Lebensmittel	Ballaststoffe in Gramm
Erbsen, frisch	5,0 g
Haferflocken	6,7 g
Leinsamen	35,0 g
Linsen	10,6 g
Naturreis	4,0 g
Vollkornnudeln	11,5 g
Weizenkleie	40,0 g
Weizenvollkornbrot	6,0 g

Die Deutsche Gesellschaft für Ernährung empfiehlt, 30 Gramm Ballaststoffe täglich zu essen. Rohkost, Kohlsorten, Trockenobst und Nüsse enthalten ebenfalls viele Faserstoffe.

Eine Alternative zum Leinsamen ist der Flohsamen. Er enthält weniger fettes Öl und ist dadurch kalorienärmer.

Leinsamen

Leinsamen enthält neben vielen Ballaststoffen fettes Öl, das den Darminhalt besser gleiten lässt. Einen Esslöffel Leinsamen, der zwei- bis dreimal täglich zum Beispiel mit Müsli oder Joghurt und viel Flüssigkeit gegessen wird, »schmiert« den Darm.

Trockenobst und Sauerkraut

Auch Trockenobst oder Sauerkraut fördert die Darmtätigkeit. Sauerkraut enthält zum Beispiel **Milchsäure**, die das Milieu im Darm in den leicht sauren Bereich verschiebt. Das regt die Eigenbewegung und damit die Verdauungsarbeit des Darms an.

Milch- und Essigsäure regen nicht nur die Darmtätigkeit an, sondern sorgen auch für genügend Wasser im Darm.

Laktulose

Wer Sauerkraut nicht mag, kann Laktulose aus der Apotheke einnehmen. Laktulose wird im Darm zu Essig- und Milchsäure abgebaut.

Milchzucker

Auch Milchzucker ist bei Verstopfung ein probates Mittel: Zwei bis drei Teelöffel täglich verhindern, dass dem Darm zu viel Wasser entzogen wird.

Tee gegen Verstopfung

Sennesblätter	60 g
Pfefferminzblätter	10 g
Kamillenblüten	10 g
Fenchelfrüchte	20 g

Dosierung und Anwendung (pro Tasse):
Einen oder zwei gehäufte Teelöffel der Mischung mit kochendem Wasser übergießen, bedeckt etwa zehn Minuten ziehen lassen und danach abseihen. **Maximal jeden zweiten Tag** morgens und / oder abends vor dem Schlafengehen eine Tasse frisch bereiteten Tee trinken.
Wirkung:
Der Tee mit Sennesblättern hilft, den unangenehmen Beschwerden ein Ende zu bereiten. Er regt die Darmtätigkeit an und wirkt abführend.

Hinweis:
Ohne ärztlichen Rat nicht länger als ein bis zwei Wochen anwenden! Vorsicht bei gleichzeitiger Einnahme von entwässernden Medikamenten und Präparaten, die Herzglykoside enthalten sowie während Schwangerschaft und Stillzeit!

Pflanzliche Abführmittel

Pflanzliche Abführmittel, wie Extrakte aus Faulbaumrinde, Sennesblättern oder Aloe, wirken zuverlässig nach etwa sechs bis acht Stunden. Mittel aus diesen Pflanzen sollten aber nie über einen längeren Zeitraum eingenommen werden, weil sich der Darm daran gewöhnt und immer stärkere Mittel notwendig werden. Rizinusöl sollte aufgrund seiner massiven Wirkung nicht zur Eigenbehandlung einer Verstopfung eingesetzt werden.

Hausmittel kompakt

Verstopfung
Ballaststoffe
Leinsamen
Viel trinken
Sauerkraut
Trockenobst
Laktulose und Milchzucker

Völlegefühl

► siehe Appetitlosigkeit und Blähungen

Warzen

Bestimmte Viren verursachen und übertragen Warzen. Diese Erreger kommen überall vor und können über kleine Wunden in die Haut eindringen. Dort treiben sie die hornbildenden Zellen zu mehr Produktivität an: Die Haut wölbt sich an dieser Stelle, und eine Warze entsteht. Nicht jeder Kontakt mit dem Virus muss unweigerlich zu einer Warze führen, denn das Immunsystem setzt sich mit dem Erreger auseinander und kann ihn bekämpfen. Sind die Abwehrkräfte aber geschwächt, zum Beispiel durch ein seelisches Tief oder Stress, haben es die Viren leichter.

Die meisten Warzen sind harmlos und heilen spontan ab. Diverse Hausmittel beschleunigen die Spontanheilung – besonders wenn man an die Heilkraft des Mittels glaubt. Kinder sind Ritualen besonders leicht zugänglich, und die Erfolgsquote dementsprechend hoch: Reiben Sie einen Zauberstein über die Warze und werfen Sie ihn bei Vollmond in einen Fluss, oder kleben Sie ein buntes Pflaster über die Warze, das eine Woche lang nicht gelöst werden darf. Auch das Bepinseln mit Tinkturen wie Teebaumöl, Apfelessig oder dem Stängelsaft des Schöllkrauts zeigt Wirkung. Hartnäckige Warzen, die nach sechs bis acht Wochen noch immer vorhanden sind oder sich sogar vermehrt haben, müssen **fachmännisch** behandelt werden.

Pflaster oder Tinkturen aus der Apotheke, die zum Beispiel Salicylsäure oder Milchsäure enthalten, weichen oberste Hornschichten auf und erleichtern das Ablösen der Warzen.

In keinem Fall dürfen Sie der Warze mit spitzen oder scharfen Gegenständen zu Leibe rücken. Blutet die Warze, verbreiten sich die Viren besonders leicht, außerdem ist die Verletzungsgefahr sehr groß.

HAUSMITTEL KOMPAKT

Warzen
Rituale
Schöllkraut
Teebaumöl

Wechseljahre

In den Wechseljahren klagen viele Frauen über Hitzewallungen, Stimmungsschwankungen und Schlafstörungen. Hier eine Reihe sanfter Mittel, die solche Beschwerden lindern können.

Zwar lässt mit zunehmendem Alter das Durstgefühl nach, dennoch ist die tägliche Flüssigkeitszufuhr von mindestens zwei Litern wichtiger denn je.

Eine Wechseldusche am Morgen lässt Sie tagsüber weniger schwitzen.

Kleiden Sie sich nach dem »Zwiebelprinzip«, so dass Sie je nach Temperatur ein Kleidungsstück ablegen können, zum Beispiel eine Strickjacke über Bluse und Weste und darunter ein T-Shirt.

Heilpflanzen, die bei Frauenleiden eingesetzt werden, enthalten meist hormonähnliche Wirkstoffe, so genannte Phytohormone. Sie normalisieren den Hormonhaushalt während der Regel und in den Wechseljahren.

Pflanzliche Mittel, zum Beispiel Präparate aus Mönchspfeffer und den Wurzeln der Traubensilberkerze, können die Hitzebeschwerden ebenfalls mildern.

Stimmungsschwankungen sind in den Wechseljahren normal. Lassen Sie Ihren

Launen öfter mal freien Lauf. Reden Sie sich Ihre Probleme von der Seele, das erleichtert.

Sport, zum Beispiel Schwimmen, rasches Gehen oder Radfahren, beugt Hitzeschüben vor. Wenn Sie sich regelmäßig viel bewegen, schwitzen Sie weniger und steigern außerdem ihr seelisches Wohlbefinden.

Damit Sie gut einschlafen, sollten Sie nach 19 Uhr nicht mehr viel essen.

Alkohol ist kein guter Schlummertrunk, Sie schlafen zwar schneller ein, verbringen aber eine eher unruhige Nacht. Probieren Sie lieber einen Beruhigungstee, zum Beispiel mit Baldrian, Hopfen oder Passionsblume, den Sie sich vor dem Schlafengehen zubereiten.

Nasse Socken helfen gegen Hitzeschübe in der Nacht. Legen Sie ein paar Baumwollsocken in kaltes Wasser und wringen Sie sie gut aus. Nachdem Sie die feuchten Socken angezogen haben, sollten Sie ein paar trockene bequeme Socken darüber ziehen damit Ihre Füße nicht auskühlen.

Hausmittel kompakt

Wechseljahre

Kleidung nach dem Zwiebelprinzip

Zubereitungen aus Baldrian, Hopfen und/oder Passionsblume

Zubereitungen aus Mönchspfeffer oder Traubensilberkerze

Wechselduschen

Bewegung

Wunden & Verbrennungen

Grosse oder stark blutende Wunden

müssen von einem Arzt behandelt werden. Die Notfallmaßnahmen bestehen darin, starke Blutungen zu stoppen und die Wunde mit sterilem Verbandsmaterial abzudecken. Sie sollten die **Wunde** nicht direkt berühren, auswaschen, desinfizieren oder Fremdkörper entfernen.

Will die Wunde nicht heilen, pocht sie oder fühlt sich heiß an, sollten Sie unbedingt zum Arzt.

Kleine Schnitt- oder Schürfwunden

Kleine Schnittwunden unter fließendem Trinkwasser ausbluten lassen, dann mit einem **Pflaster abdecken**. Ist die Schürfwunde verschmutzt, Fremdkörper mit einer Pinzette entfernen und die Wunde desinfizieren. Dazu eignen sich zum Beispiel Jod- und Wasserstoffperoxid-Lösungen oder Präparate mit dem Wirkstoff Octenidin.

Für kleine und große Wunden gilt: Puder, Salben oder Cremes haben auf offenen Wunden nichts zu suchen.

Achtung Tetanus!

Der so genannte Wundstarrkrampf wird durch Bakterien verursacht. Sie kommen überall im Umfeld des Menschen vor und dringen über Wunden in den Körper ein. Eine Impfung schützt vor dem Wundstarrkrampf.

Verbrennungswunden

Verbrennungen, die schwer und großflächig sind, muss ein Arzt behandeln. Bei geringfügigeren Verbrennungen, also zum Beispiel geröteten Stellen oder kleineren Brandblasen, sollten Sie die Stellen möglichst lange unter kaltes fließendes Wasser halten. Bei Verbrennungen am Gaumen hilft es, ein Eisstückchen zu lutschen.

Wundheilung

Folgende Hausmittel helfen bereits geschlossenen und heilenden Wunden:

Hamamelis, Kamille und Arnika enthalten Wirkstoffe, die Schwellungen schneller zurückgehen lassen, schmerzlindernd und entzündungshemmend wirken. Fragen Sie nach entsprechenden Präparaten in der Apotheke!

Rotöl wird aus Johanniskrautblüten gewonnen. Die Inhaltsstoffe wirken ebenfalls wundheilend.

Zinkoxid, zum Beispiel in Form einer Zinksalbe, ist besonders gut für nässende Wunden, wie zum Beispiel offene Stellen in den Mundwinkeln, geeignet. Es bildet mit dem Wundsekret entzündungshemmende und zusammenziehend wirkende Stoffe.

Ein Rezept für einen Hauttee zur Bereitung von

Umschlägen oder Bädern finden Sie auf Seite 42.

Hausmittel kompakt

Wunden und Verbrennungen

Zubereitungen aus Hamamelis, Kamille, Arnika, Ringelblume oder Stiefmütterchen

Rotöl

Zinkoxid

Zahnfleischentzündung

Wenn die Mahlzeiten zur Qual werden, weil sich Mundschleimhaut und Zahnfleisch immer wieder entzünden oder der Hals bei jedem Bissen schmerzt, dann kann Gurgeln mit einem Tee aus Kamille, Salbei und Isländisch Moos die Beschwerden mildern.

Mund- und Rachen-Tee

Kamillenblüten	40 g
Salbeiblätter	20 g
Heidelbeeren (getrocknet)	20 g
Isländisch Moos	20 g

Dosierung und Anwendung (pro Tasse):
Zwei Teelöffel der Teemischung mit kochendem Wasser übergießen und bedeckt etwa zehn Minuten ziehen lassen. Danach abseihen, wenn nötig noch etwas abkühlen lassen und stündlich mit frisch bereitetem Tee gurgeln.

Wirkung:
Die Inhaltsstoffe dieser Arzneipflanzen wirken antibakteriell beziehungsweise reizlindernd und fördern so die Wundheilung. Der Zusatz von Heidelbeeren bewirkt durch deren hohen Gehalt an Gerbstoffen, dass sich die Oberfläche der Mund- und Rachenschleimhaut zusammenzieht, was sie unempfindlicher gegen Reizungen macht.

Entzündetes Zahnfleisch können Sie außerdem gut

mit den Wirkstoffen aus Nelke, Ratanhia- und Rhabarberwurzel, Myrrhe oder Arnika behandeln. Sie wirken schmerz- und entzündungslindernd auf den Mundschleimhäuten. Entsprechende Präparate gibt es in der Apotheke als Tinkturen, Gurgellösungen, Mundsprays, -gele oder -salben.

Hausmittel kompakt

Zahnfleischentzündung

Zubereitungen aus Salbei, Nelke, Ratanhia- und Rhabarberwurzel, Kamille, Myrrhe oder Arnika

Zahnschmerzen

Zahnschmerzen kann man vorübergehend mit Nelken betäuben. Entweder eine ganze Nelke kauen und die Reste ausspucken oder den Zahn mit ein bis zwei Tropfen Nelkenöl beträufeln. Die Inhaltsstoffe wirken leicht betäubend. Ein Besuch beim Zahnarzt ist trotzdem unumgänglich.

Hausmittel kompakt

Zahnschmerzen

Nelke, Nelkenöl

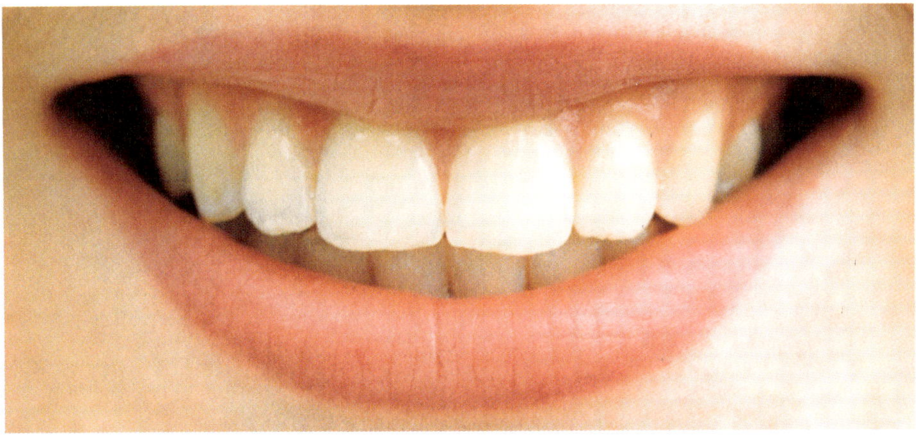

DUFT-POTPOURRI

Düfte wecken Erinnerungen und Sehnsüchte. Sie lösen Emotionen aus, können verlocken und verführen, frisch riechen oder schwer, blumig oder würzig – eben ein Potpourri aus vielen Eigenschaften. Hagebutten- und Orangenschalen, Zimtstangen, Sternanis und Gewürznelken bilden die Grundlage für diese Duftkomposition. Nach Belieben können Sie Orangen- oder Zitronenscheiben, Rosenblätter oder Beeren, alles jeweils im getrockneten Zustand, hinzufügen.

Mischung für 200 Gramm:
Zu gleichen Teilen:
Hagebuttenschalen
Orangenschalen
Sternanis
Gewürznelken
Zimtstangen 3 bis 4 Stück

Die Bestandteile können Sie sich bereits in Ihrer Apotheke mischen lassen. In vielen Apotheken erhalten Sie außerdem Duftöle, mit denen Sie bereits mit wenigen Tropfen Ihrem Potpourri die gewünschte Duftnote geben können.

Schädlinge

Ameisenkolonnen in der Küche, Motten im Kleider- oder Küchenschrank sowie Läuse unter den Blättern der Topfpflanzen: Lassen Sie die chemische Keule stecken und probieren Sie diese sanften, aber nicht weniger hilfreichen Hausmittel!

Ameisen

Für den Menschen sind Ameisen nicht gesundheitsschädlich. Lästig werden sie jedoch, wenn sie zum Beispiel eine Futterquelle in der Küche entdeckt haben und mit dem Abtransport beginnen. Deshalb die offenen Lebensmittel wegsperren und die Ameisenstraße unterbrechen, etwa mit Backpulver oder zerriebenen Lavendelblüten.

Nur pflanzliche Gewebe wie Baumwolle oder Leinen sowie Synthetikfasern bleiben von den Larven der Kleidermotte verschont.

Kleidermotten

Das Mottenweibchen legt seine Eier bevorzugt an Stoffen aus **tierischen Fasern**, wie Wolle, Kaschmir, Loden oder an Pelzen, ab. Beim Einwintern Ihrer

Kleidungsstücke sollten Sie Folgendes beachten:

- Schweißgeruch zieht das Ungeziefer an. Textilien daher nur gewaschen wegpacken und zur Sicherheit in Leinentücher, Papier- oder Plastikbeutel stecken.
- **Reinigen** Sie den Schrank gründlich mit Staubsauger und feuchtem Lappen.
- Säckchen mit Lavendel, Zedernholzstücke und Tücher, die mit ätherischen Ölen wie Citronella, Patschuli oder Nelke getränkt wurden, sowie duftende Quitten halten Motten fern.

Entfernen Sie Schrankpapier: Die Schädlinge verstecken sich gern darunter.

Lebensmittelmotten

Durch kleinste Öffnungen gelangen die Larven in Lebensmittel, die sie durch ihre Ausscheidungen verderben. Spinnwebenartige Fäden sind meist das erste Indiz für ihre Anwesenheit in der Packung. Hilfemaßnahmen: Befallene Lebensmittel entfernen und die Schränke reinigen. Die Fugen mit einem Staubsauger säubern und die Flächen feucht abwischen, gut trocknen lassen. Neue Lebensmittel in verschließbaren Gefäßen lagern und schnell verbrauchen.

Blattläuse

Kleinere Blattlauskolonien mit den Fingern entfernen oder abduschen. Auch eine mit Wasser stark verdünnte Schmierseife-Spiritus-Lösung (zum Beispiel aus zwei Ess-

löffeln Seife, 0,5 Litern Spiritus und vier Litern Wasser) leistet gute Dienste. Die befallene Pflanze regelmäßig damit besprühen. Blattläuse haben zudem natürliche Feinde, die man bei befallenen Balkon- oder Terrassenpflanzen ins Spiel bringen kann. Zu ihnen zählen Schlupfwespen, Marienkäfer, Schwebfliegen, Florfliegen oder Ohrwürmer. Letztere kann man zum Beispiel mit eigens gebastelten Verstecken anlocken. Dazu kleinere Tonblumentöpfe mit Stroh oder Holzwolle füllen und kopfüber an einem trockenen Ort aufhängen. Die Töpfe sollten unbedingt auf einem Ast oder Brettchen aufsitzen, damit die nachtaktiven Ohrwürmer tagsüber dort einen Weg in ihren Unterschlupf finden. Für Pflanzen im Freien eignet sich auch der Trick mit der **Knoblauchzehe**: Zu besonders anfälligen Pflanzen wie Rosen, Hibiskus oder Oleander eine oder mehrere Knoblauchzehen pflanzen.

Treibt die Zehe, den grünen Trieb immer wieder stutzen.

Hausmittel kompakt

Schädlinge

Backpulver
Lavendelblüten
Zedernholz
Ätherische Öle
Quitten
Schmierseife-Spiritus-Lösung
Knoblauch

Arzneipflanzen auf einen Blick

Arzneipflanze	Verwendete Pflanzenteile	Wirksame Inhaltsstoffe	Wirkung	Herkunft/ Anbau
Anis	Früchte	Ätherisches Öl	löst den Schleim in den Bronchien, erleichtert das Abhusten, wirkt krampflösend auf die Magen-Darm-Muskulatur	Türkei, Spanien, Ägypten
Arnika	Blüten		wirkt desinfizierend und entzündungshemmend	Mittel- und Südeuropa
Artischocke	Blätter		fördert die Fettverdauung	Mitteleuropa
Bärentraube	Blätter		wirken desinfizierend bei Entzündungen der Harnwege	Spanien, Bulgarien
Baldrian	Wurzel		wirkt beruhigend	Europa, Asien
Birke	Blätter	Flavonoide	verstärkt die Nierendurchblutung	Europa
Bohnenhülse	Samenhülse		fördert sanft die Durchspülung der ableitenden Harnwege	Europa
Brennnessel	Blätter		fördert die Durchspülung der ableitenden Harnwege, beugt Nierengrieß vor	Europa
Brombeere	Blätter	Gerbstoffe	wirkt zusammenziehend (adstringierend) auf Schleimhaut-Oberflächen	Mittel- und Nordeuropa
Echinacea	Wurzel		steigert Abwehrkräfte	USA
Eibisch	Wurzel	Schleimstoffe	lindert Reizhusten	Mitteleuropa, Westasien
Efeu	Blätter	Saponine	wirkt schleimlösend und erleichtert das Abhusten, entkrampft die Atemwegsmuskulatur	Westeuropa
Enzian	Wurzel	Bitterstoffe	lindert Verdauungsbeschwerden wie Appetitlosigkeit, Blähungen, Völlegefühl	Mittel- und Südeuropa, Kleinasien
Fenchel	Früchte	Ätherisches Öl	wirkt entblähend und krampflösend auf die Magen-Darm-Muskulatur, erleichtert das Abhusten	China, Mittel- und Südeuropa

Arzneipflanze	Verwendete Pflanzenteile	Wirksame Inhaltsstoffe	Wirkung	Herkunft/ Anbau
Grüntee	Blätter	Koffein, Gerbstoffe	fördert die Wundheilung, wirkt belebend, lindert Durchfälle, soll Cholesterin-Werte senken	Indien, Japan, Sri Lanka, China, Japan
Hagebutte	Früchte, Schalen	Vitamin C	Geschmacksverbesserer	Mitteleuropa
Hamamelis	Blätter	Gerbstoffe	wirkt zusammenziehend (adstringierend) auf Haut und Schleimhäute, wundheilend, Verwendung bei Hämorrhoiden	Nordamerika, Ostasien
Hauhechel	Wurzel	Flavonoide	fördert die Durchspülung der ableitenden Harnwege, beugt Nierengrieß vor	Mitteleuropa
Heidelbeere	Blätter, Früchte	Gerbstoffe	wirkt zusammenziehend (adstringierend) auf Schleimhäute, lindert akute Durchfälle	Mittel- und Nordeuropa
Holunder	Blüten	Flavonoide	wirkt schweißtreibend bei fieberhaften Erkältungen	Europa, West- und Mittelasien
Hopfen	Zapfen	Bitterstoffe	wirkt beruhigend und schlaffördernd	Europa
Ingwer	Wurzelstock	Ätherisches Öl, Scharfstoffe	wirkt gegen Übelkeit, fördert die Verdauung	Jamaika
Isländisch Moos	Pilz	Schleimstoffe	lindert Reizhusten	arktische Gebiete
Javanische Gelbwurz	Wurzelstock	Ätherisches Öl	fördert die Verdauung	Südostasien
Johanniskraut	Blüten, Blätter, Stängel		lindert leichte bis mittelschwere Depressionen, mildert Angst und Nervosität	Mitteleuropa
Kamille	Blüten	Ätherisches Öl	wirkt antibakteriell bei Schleimhaut-Entzündungen, fördert die Wundheilung, löst Krämpfe im Verdauungstrakt	Süd- und Südosteuropa, Vorderasien
Kava-Kava	Wurzelstock	Kava-Pyrone	wirkt entspannend und angstlösend, fördert den Schlaf	Südsee-Inseln

Arzneipflanze	Verwendete Pflanzenteile	Wirksame Inhaltsstoffe	Wirkung	Herkunft/ Anbau
Koriander	Früchte	Ätherisches Öl	hilft gegen Appetitlosigkeit und Verdauungsbeschwerden	Asien, Mittelamerika
Kümmel	Früchte	Ätherisches Öl	lindert krampfartige Bauchschmerzen, Blähungen und Völlegefühl	Nord- und Mitteleuropa, Nordasien
Lavendel	Blüten	Ätherisches Öl	wirkt leicht beruhigend, krampflösend und entblähend	Südeuropa
Linde	Blüten	Schleimstoffe	wirkt schweißtreibend	Mitteleuropa
Löwenzahn	Wurzel	Bitterstoffe	regt den Appetit und die Gallensaftproduktion an, fördert die Durchspülung der ableitenden Harnwege	Europa, Asien
Malve	Blüten	Schleimstoffe	lindert Reizhusten	Westasien, Mittelmeergebiet, Nordafrika
Mariendistel	Früchte	Flavonoide	lindert Verdauungsbeschwerden, schützt die Leberzellen vor Giftstoffen	Mittelmeerraum, Nordafrika, Südamerika
Mate	Blätter	Koffein, Gerbstoffe	wirkt belebend, soll den Appetit bremsen	Brasilien
Melisse	Blätter	Ätherisches Öl	wirkt beruhigend, lindert Krämpfe und Blähungen	Mittelmeerraum
Passionsblume	Blüten	Flavonoide	lindert nervöse Unruhe	USA
Petersilie	Wurzel	Ätherisches Öl	fördert die Durchspülung der ableitenden Harnwege, beugt Nierengrieß vor	Mittelmeerraum
Pfefferminze	Blätter	Ätherisches Öl	wirkt krampflösend auf die Magen-Darmmuskulatur, entbläht und fördert die Gallensaftproduktion	Süd- und Westeuropa
Pomeranze	Schale, Blüten	Ätherisches Öl, Bitterstoffe	regt den Appetit an, Geschmacksverbesserer	Nordindien, Mittelmeerraum
Primel	Wurzel	Saponine	löst fest sitzenden Schleim und erleichtert das Abhusten	Europa, Asien

Arzneipflanze	Verwendete Pflanzenteile	Wirksame Inhaltsstoffe	Wirkung	Herkunft/ Anbau
Ringelblume	Blüten	Ätherisches Öl	fördert die Wundheilung	Europa
Schachtelhalm	Stängel	Flavonoide	fördert die Durchspülung der ableitenden Harnwege, beugt Nierengrieß vor	Europa, Nordamerika
Ratanhia-wurzel	Wurzel	Gerbstoffe	wirkt zusammenziehend auf die Mundschleimhaut	Peru
Rosmarin	Blätter	Ätherisches Öl	wirkt hautreizend und durchblutungsfördernd	Südeuropa
Salbei	Blätter	Ätherisches Öl	hemmt die Schweißsekretion	Südeuropa
Schafgarbe	Blüten, Blätter, Stängel	Ätherisches Öl, Bitterstoffe	wirkt antibakteriell und krampflösend, lindert Verdauungsbeschwerden und fördert die Gallensaftproduktion	Europa, Nordasien, Australien
Schwarzer Tee	fermentierte Blätter	Koffein, Gerbstoffe	wirkt anregend, hilft gegen Durchfall, lindert leichtere Kopfschmerzen	China, Indien, Sri Lanka, Japan
Sennes	Blätter, Früchte		wirkt gegen akute Verstopfung	Ägypten, Indien
Stief-mütterchen	Stängel, Blätter	Flavonoide, Salicylsäure	hilft gegen leichtere Formen der Akne und andere Hauterkrankungen	Deutschland
Süßholz	Wurzel	Saponine	löst den Schleim und erleichtert das Abhusten	Südeuropa, Kleinasien
Tausend-güldenkraut	Blüten, Blätter, Stängel	Bitterstoffe	steigert die Magensaft-sekretion	Europa, Nordamerika
Thymian	Blüten, Blätter	Ätherisches Öl	entkrampft die Bronchien, fördert das Abhusten, wirkt antibakteriell	Mittel-meerraum
Weide	Rinde	Salicylsäure	wirkt schmerzlindernd, fieber- und entzündungshemmend	Europa
Weißdorn	Früchte, Blätter, Blüten	Flavonoide	soll die Durchblutung der Herzkranzgefäße verbessern und blutdrucksenkend wirken	Europa
Zimt	Rinde	Ätherisches Öl	fördert die Verdauung	China, Sri Lanka

Heilpflanzen in der Hautpflege

Die Wirkung vieler Heilpflanzen macht man sich auch in speziellen Kosmetika zunutze. Die Inhaltsstoffe wirken sanft und werden auch bei einem langfristigen Einsatz gut vertragen. Davon profitiert nicht nur die erkrankte, sondern auch die gesunde Haut.

Heilpflanze	Kosmetische Verwendung
Eichenrinde	Zieht die Poren zusammen, daher in Gesichtswässern und Reinigungsprodukten für fettfeuchte Haut
Hamamelis (Zaubernuss)	Wegen seiner entzündungswidrigen und straffenden Wirkung findet sich Hamamelis in Gesichtswässern
Kamille	Bei gereizter, stark beanspruchter Haut in Handcremes, Körperlotionen oder Lippenpflegestiften. Große Bedeutung in der Baby- und Kinderpflege
Ringelblume	Für empfindliche Haut in Lotionen, Cremes, Milch, Ölen, Lippenstiften, Augengels, Seifen, Fußbalsamen und in der Baby- und Kinderpflege
Schachtelhalm (Zinnkraut)	Extrakte des Schachtelhalms finden sich zum Beispiel in Körperlotionen

Nahrung für Haut und Haar

Vitamin	Wirkung	Enthalten in
Vitamin A	Gegen blasse unreine Haut und Haare ohne Glanz	Milchprodukten, Karotten, Spinat, Tomaten oder Brokkoli
B-Vitamine	Für feste Nägel, glänzendes Haar und reine rosige Haut	Vollkornbrot, Müsli, Milch, Hefe, Geflügel, Fleisch, Fisch oder Ei
Pantothensäure	Für eine gute Wundheilung	Fleisch, Fisch und Getreide
Biotin (Vitamin H)	Für feste Nägel	Vollkornprodukten, Hefe oder Nüssen
Folsäure	Für eine intakte Mundschleimhaut	Hülsenfrüchten
Vitamin C	Für eine reine, straffe Haut	Südfrüchten oder Paprika
Vitamin E	Für festes und volles Haar	Vollkornprodukten und Pflanzenölen

Stichwortverzeichnis

IM GOVI-VERLAG SIND EBENFALLS ERSCHIENEN

Wichtig für alle Diabetiker: Neue Arzneimittel und aktuelle Erkenntnisse über die Ernährung machen den Diabetikern das Leben leichter und die Gesundheit sicherer. Lesen Sie, wie Sie ohne strenge Diät auskommen können, welche neuen Behandlungsmethoden es gibt, was Sie bei Medikamenten beachten müssen und ab wann Wissenschaftler die Insulinspritze empfehlen. Das besondere Plus: Die Backschule für Süßes ohne Zucker.

Wie hoch dürfen die Werte für Triglyceride, Cholesterin, Harnsäure oder Zucker sein? Was ist eine Blutsenkung? Und wann können Laborwerte verfälscht sein? Dieses Buch gibt leicht verständliche Antworten auf Ihre Fragen.

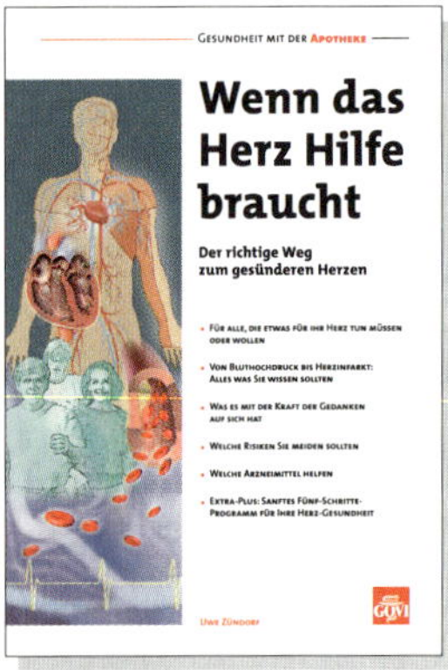

Welche Möglichkeiten es gibt, sich vor Herzinfarkt und Schlaganfall sicher zu schützen, beschreibt dieses Buch. Darin wird besonders auf die Kraft der Gedanken verwiesen und ein sanftes Fünf-Schritte-Programm für die Herzgesundheit angeboten. Mit Herz-Fit-Test.

Gicht plagt viele Menschen, im Akutfall mit schier unerträglichen Schmerzen. Im Ratgeber »Gicht im Griff« erfahren Betroffene, was sich hinter dem Begriff »Gicht« genau verbirgt, wie sich die Krankheit äußert, und was man als Patient selbst tun kann, um einen erneuten Gichtanfall zu verhindern. Das geht zum Beispiel mit den im Buch genannten köstlichen Rezepten gegen Gicht.

Unerklärlich hektisch oder immer müde? Hinter vielen Alltagsleiden kann mehr stecken: die Schilddrüse. Allein 25 Millionen Menschen in Deutschland leiden unter dem sprichwörtlich überflüssigen Kropf. Wie der ganz einfach zu vermeiden ist, wie die anderen Schilddrüsenkrankheiten behandelt werden, wie welche Tabletten wirken und wann eine Operation sein muss, das alles schildert Ihnen dieser Ratgeber einfach, sicher und verständlich. Als Plus: Fragebogen-Test zur Überprüfung der eigenen Schilddrüse und ein kleines Fachwörter-Lexikon zur Vorbereitung für das nächste Arztgespräch.

Ihre Meinung ist uns wichtig

Sagen Sie uns, der Redaktion des Verlages, wie Ihnen dieses Buch gefällt, was Sie gut finden, und wo es Verbesserungen geben könnte!

Vielen Dank!

ANREGUNGEN UND KRITIK

Absender:

Wie hat Ihnen dieses Buch gefallen? Und warum? Was fanden Sie gut, was verbesserungswürdig? Der Verlag freut sich über jede Zuschrift!

Ich finde das Buch »Hausmittel & Tees unter der Lupe« sehr gut, weil

____

____

Folgendes müsste an dem Buch noch verbessert werden:

____

____

GOVI-VERLAG
PHARMAZEUTISCHER VERLAG GMBH
BEREICH PUBLIKUMSMEDIEN
CARL-MANNICH-STRASSE 26

65760 ESCHBORN

HAUSMITTEL & TEES
UNTER DER LUPE
GOVI